Sonderdruck für den Altonaer Spar- und Bauverein
anläßlich der Geburtstags-Sparwoche
im Mai 1998.

Hamburgs Alsterschwäne

Beschrieben und fotografiert von Harald Nieß

Rasch und Röhring Verlag

Für meine Frau Ilse und meinen Sohn Olaf

Die Aufgabe der Wasserwildhege allein, ohne die Unterstützung und das Verständnis der Familie, zu bewältigen ist fast unmöglich. Es überwiegen zwar die schönen Seiten dieses Berufs, aber man muß auch viel Negatives in Kauf nehmen. Es gab nie geregelte Arbeitszeiten, keinen freien Sonn- oder Feiertag. Kranke Tiere müssen täglich versorgt werden, und Unfälle ereignen sich auch nicht unbedingt in der Dienstzeit. Deshalb möchte ich an dieser Stelle ganz besonders meiner Frau, die immer das nötige Verständnis für meine Arbeit aufgebracht hat, herzlich danken. Und meinem Sohn, der mit dieser Aufgabe aufgewachsen ist, bei meiner Behörde und mir seine Ausbildung bis zur Meisterprüfung erhielt und nun Hamburgs »Schwanenvater« ist, wünsche ich bei seiner Arbeit immer eine glückliche Hand.

Sämtliche Abbildungen von Harald Nieß.
Seiten 13, 16 oben/unten, 17, 80, 82, 88: Archiv des Autors
Seite 41 unten rechts: Berndt Beutner

Die Deutsche Bibliothek – CIP-Einheitsaufnahme

Hamburgs Alsterschwäne Harald Nieß. –
Hamburg. Rasch und Röhring, 1997
ISBN 3-89136-645-0

Großer Burstah 42, 20457 Hamburg, Fax 040-371389
Umschlaggestaltung: Peter Albers, Foto: Michael Zapf
Satz und Lithografie: KCS GmbH, Buchholz/Hamburg
Druck und Bindearbeiten: Westermann Druck, Zwickau
Printed in Germany

Inhalt

Das Wappen Stormarns ist der wilde Schwan,
der den gezackten Halsring trägt als Zier.
Die Hauptstadt Stormarns, Hamburg, ging voran:
Auf ihrer Alster zieht das stolze Tier
seit Urzeiten die blanke Wasserbahn,
gleichsam der Hansa schwimmendes Panier.
Die Stormarn schwuren auf den Schwan den Eid
und den Walküren war der Schwan geweiht.

Detlev von Liliencron (1884–1909)

Hamburgs Privileg, Schwäne zu halten
Oder: Wie alles anfing

Seit Jahrhunderten sind die Alsterschwäne mit der Tradition der Hansestadt fest verbunden – vermutlich bereits seit der Zeit, als Hamburg noch zu Stormarn gehörte. Schon im 11. Jahrhundert ließen die Schauenburger Grafen ihr Wappen, das später auf die Städte und das umliegende Land übertragen wurde, einen Schwan zieren. Es zeigt auf rotem Schilde einen silbernen, nach rechts schreitenden Höckerschwan in Kampfstellung, der eine goldene Krone um den Hals trägt. Die stürmische und kraftvolle Schönheit dieses Tiers war wohl der Grund, es zum Wappentier zu machen.

Mutig und mit kraftvollen Flügelschlägen fliegt der bis zu zweiundzwanzig Kilogramm schwere Höckerschwan jedem Rivalen zur Verteidung entgegen.

Konrad von Megendorf, der Verfasser des berühmten »Buchs der Natur«, charakterisierte den Schwan um 1350 so: »Er ist ainer haizen natur, davon ist er zornig.« Der bekannte Heimatforscher und Begründer des Alstervereins, Ludwig Frahm (1856–1936), wußte in Versen auch noch andere Tugenden zu preisen: seine Furchtlosigkeit, seine Stärke und seine Treue.

Alt-Stormarns Wappen ward der weiße Schwan,
ihm waren Land und See einst untertan;
kein Wehrmann führte je in seinem Schild
ein bess'res als des Heimatsvogels Bild.
Ein Bild der Treue, wie's kein schön'res gibt,
als wenn die Mutter ihre Jungen liebt;
ein Bild der Stärke, wenn im Vorrangstreit
die Schwingen schlagen und zerzaust das Kleid.
Und wenn er zum geahnten Sterben zieht,
singt er aus der Höhe sein furchtloses Lied;
treu, stark und furchtlos allezeit zu sein,
war deine Ehre, und sie bleiben dein!
Ludwig Frahm

Das Wandsbeker Wappen

Der Stormarnsche Schwan fand sich im übrigen auch im dänischen Königswappen. Dänemarks Könige führten ihn aufgrund der engen verwandtschaftlichen Beziehungen zu den Schauenburger Grafen als Teilwappen. Erst Margrethe II. verzichtete 1972 auf die historischen Titel ihres Vaters Frederik IX., etwa den eines Herzogs von Schleswig, Holstein, Stormarn, Dithmarschen, Lauenburg und Oldenburg. Die Stadt Neumünster und verschiedene andere Gemeinden führen noch heute den gräflichen Schwan als Teilwappen, so auch der Hamburger Stadtteil Wandsbek.

Schon in der Antike galt der Schwan als heiliger Vogel und kündete nach griechischem Glauben den Tod an. Man war der Überzeugung, daß er die Gabe der Wahrsagung habe. Auch in anderen Religionen und Kulturen sah man in diesem majestätischen Tier einen Glücksbringer, Götterboten oder gar eine verwandelte Gottheit, viele Sagen und Märchen erzählen davon.

Und so zeigt nicht nur das Stormarnsche Wappen, daß sich unsere Vorfahren in hohem Maße mit diesem königlichen Tier befaßt haben. Zum Beispiel finden wir an sehr vielen älteren Bauernhäusern in Norddeutschland statt der heute verbreiteten Pferdeköpfe noch Schwäne als Giebelschmuck.

Dies Gemälde von 1603 – es hängt in der Hamburger Petrikirche – zeigt den Reformator Martin Luther mit einem Schwan an seiner Seite, vielleicht als Symbol für die Reinheit seiner neuen Lehre.

Höckerschwäne haben sicher von jeher an den Ufern der Alster und auf den angrenzenden moorigen Wiesen gebrütet. Vermehrt sind sie aber wohl erst nach dem Aufstauen der Alster aufgetreten, die ja ursprünglich ein schmaler Fluß war. Die Aufstauung erfolgte für den Mühlenbetrieb, als Wehranlage, zum Flößen des Bauholzes, später für die zunehmende Schiffahrt und den zur Erholung dienenden Bootsverkehr. Deshalb wurden die Kanäle begradigt, die Ufer erhöht und mit teilweise hohen Mauern eingefaßt.

Als die ehemalige Hauptstadt Hamburg sich etwa um 1400 zu einer selbständigen Stadt entwickelte, die faktisch wie eine Freie Reichsstadt agierte, hat sie für sich als Zeichen ihrer Freiheit und Unabhängigkeit das Halten von Schwänen in Anspruch genommen – ein Privileg, das seinerzeit nur Herrscherhäusern, also Grafen, Herzögen oder Königen, vorbehalten war. Wie ernst es dem Senat mit der Wahrung seiner Rechte an den Alsterschwänen war, vermittelt uns das Mandat aus dem Jahr 1664.

Es wurde später, in abgewandelter Form, immer wieder bekräftigt und ist gleichzeitig so etwas wie das älteste Tierschutzgesetz der Hansestadt.

In einem Senatsprotokoll vom 6. April 1674 wird auch schon eine Aufsichtsperson für die Schwäne gefordert:

> »Herr Möller refert: daß verwichenen Jahres nur 2 junge Schwäne ausgekommen, welches denn dahero komme, daß Keiner auf die Eier Achtung gebe, sondern die Nester von bösen Buben gestört werden, rathe demnach, daß einer dazu angenommen werde, welcher darauf Achtung gebe. Placet a Commissum Herr Sillem, und Herr Möller, mit der Cämmerei deswegen zu reden.«

Unterschiedlichste Schwanenmotive schmücken die Giebel vieler norddeutscher Bauernhäuser.

Zunächst war der erste Mühlherr für die Schwäne zuständig. Später entwickelte sich – mit der Gebietserweiterung – eine Aufgabenteilung zwischen der Baudeputation, dem Alsteraufseher, dem Alsterfischer und anderen. Im Jahre 1891 wurde die Betreuung der Schwäne der Baubehörde allein zugeordnet.

Senatsmandat aus dem Jahr 1664. Das Original befindet sich im Hamburger Staatsarchiv.

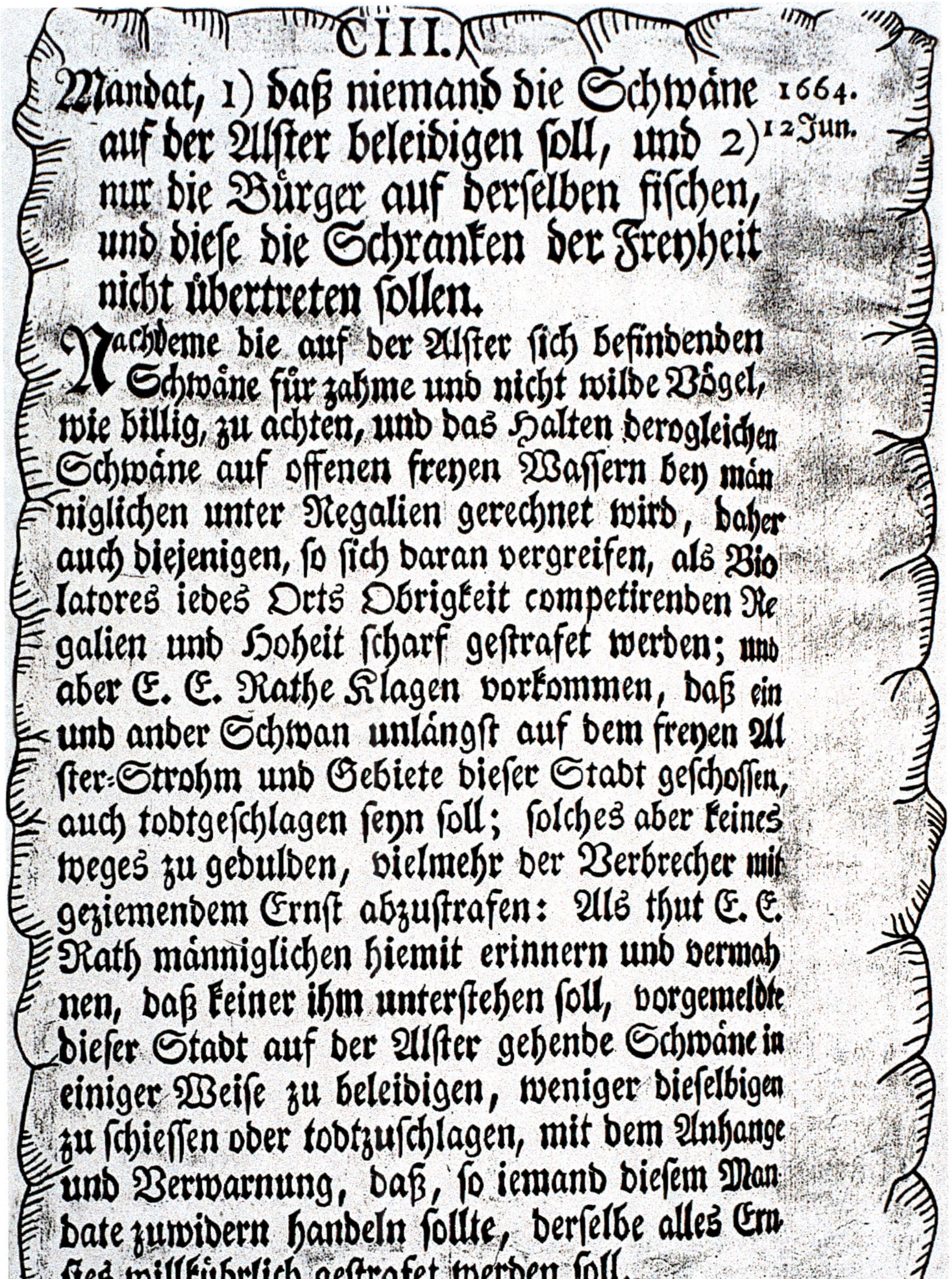

CIII.

Mandat, 1) daß niemand die Schwäne auf der Alster beleidigen soll, und 2) nur die Bürger auf derselben fischen, und diese die Schranken der Freyheit nicht übertreten sollen. 1664. 12 Jun.

Nachdeme die auf der Alster sich befindenden Schwäne für zahme und nicht wilde Vögel, wie billig, zu achten, und das Halten derogleichen Schwäne auf offenen freyen Wassern bey männiglichen unter Regalien gerechnet wird, daher auch diejenigen, so sich daran vergreifen, als Violatores iedes Orts Obrigkeit competirenden Regalien und Hoheit scharf gestrafet werden; und aber E. E. Rathe Klagen vorkommen, daß ein und ander Schwan unlängst auf dem freyen Alster-Strohm und Gebiete dieser Stadt geschossen, auch todtgeschlagen seyn soll; solches aber keines weges zu gedulden, vielmehr der Verbrecher mit geziemendem Ernst abzustrafen: Als thut E. E. Rath männiglichen hiemit erinnern und vermahnen, daß keiner ihm unterstehen soll, vorgemeldte dieser Stadt auf der Alster gehende Schwäne in einiger Weise zu beleidigen, weniger dieselbigen zu schiessen oder todtzuschlagen, mit dem Anhange und Verwarnung, daß, so iemand diesem Mandate zuwidern handeln sollte, derselbe alles Ernstes willkührlich gestrafet werden soll.

In den vergangenen Jahrhunderten mahnten Senatsprotokolle, Polizeibefehle und Verordnungen die Bürger immer wieder, die Schwäne zu achten:

»Veneris d 11 Julie 1817: Herr Bartels refert, daß gegenwärtig wieder 11 Paar Schwäne auf der Alster angekommen wären, welche aus Holland verschrieben und zusammen 10/4,8f kosteten et perop, ein Mandat gegen die Beschädigung dieser Schwäne zu erlaßen.
Conol. Placet jedoch ist sich dabei auf die schon bestehenden früheren Mandate zu beziehen.«

Am selben Tag wurde ein Polizeibefehl erlassen, der »renoviert« am 26. April 1821 wiederholt wurde:

»Polizei Befehl in Betr. der Schwäne auf der Alster.
Es wird ein jeder gewarnt, in Gemäßheit früher bestehender Verfügungen, den Schwänen, auf der Binn-Alster sowohl als auf der Außen-Alster, ander durch Schlagen, Schießen oder sonst einiges Leid zuzufügen, besonders aber die großen Hunde, vorzüglich die Jagdhunde, nicht auf die Schwäne zu hetzen, oder zu gestatten, daß sie in den Gebüschen, wo die Schwäne liegen, umherstreifen, widrigenfalls die Hunde todtgeschlagen, u. d. Eigner derselben, so wie derjenige der sonst den Schwänen einiges Leid zufügt, scharf gestraft werden sollen.
Die Polizei-Officianten sind angewiesen, in Gemäßheit dieser Verfügung genau Aufsicht zu haben.
Hamburg, d 11. July 1817
Abseiten der Polizei-Behörde
Renovirt d. 26. April 1821.«

Beim ältesten bekannten Festmahl der Welt, dem Matthiae-Mahl des Senats, das schon um 1350 erstmals urkundlich erwähnt wurde, reichte man eine Pastete aus dem Brustfleisch junger Schwäne. Diese Besonderheit wurde auf mit Schwänen verziertem Ratssilber serviert, von dem leider nichts mehr erhalten geblieben ist. Nach der Überlieferung prangte auf den Deckeln der Gefäße ein vergoldeter Schwan mit ausgebreiteten Schwingen. Zu bewundern ist nur noch die Weinkanne »Die Alster« aus neuerer Zeit, deren Füße Schwanenmotive zeigen. Die Schwanenpastete ist schon lange von der Speisekarte gestrichen.

Neben diesen Traditionen, Mandaten und Verordnungen sind wertvolle

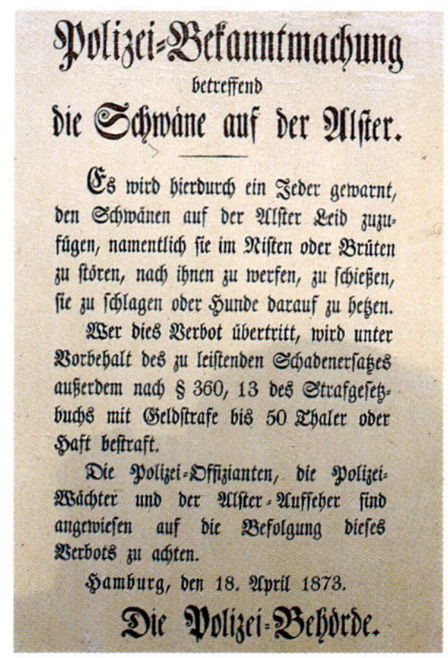

Polizei-Bekanntmachung
betreffend
die Schwäne auf der Alster.

Es wird hierdurch ein Jeder gewarnt, den Schwänen auf der Alster Leid zuzufügen, namentlich sie im Nisten oder Brüten zu stören, nach ihnen zu werfen, zu schießen, sie zu schlagen oder Hunde darauf zu hetzen.

Wer dies Verbot übertritt, wird unter Vorbehalt des zu leistenden Schadenersatzes außerdem nach § 360, 13 des Strafgesetzbuchs mit Geldstrafe bis 50 Thaler oder Haft bestraft.

Die Polizei-Offizianten, die Polizei-Wächter und der Alster-Aufseher sind angewiesen auf die Befolgung dieses Verbots zu achten.

Hamburg, den 18. April 1873.

Die Polizei-Behörde.

Eine Polizeibekanntmachung aus dem Jahre 1873. Sie unterstreicht noch einmal den besonderen Schutz, den die Schwäne in der Hansestadt genossen.

Oben: Die prachtvoll verzierte Weinkanne »Die Alster« ist im Hamburger Rathaus zu bewundern.
Rechts: Ausschnitt aus einer Stadtansicht von Arnold Pitersen aus dem Jahr 1644. Er zeigt das umpfählte Winterquartier für die Schwäne in der Binnenalster.
Unten: Ausschnitt aus einer Stadtansicht von Peter Schenk; entstanden um 1690.

Diese Postkarte aus dem Jahr 1904 zeigt das Futterhaus auf der Binnenalster.

alte Kupferstiche und Lithographien erhalten geblieben, die mit ihren Stadtansichten nicht nur Auskunft über Hamburg, sondern auch über seine Schwäne geben.

Wie auf alten Bildern zu sehen ist, gab es auf der Alster vor dem Krieg einen sehr hohen Schwanenbestand. Bis annähernd 400 Vögel wurden zeitweilig gehalten. Diese vielen Tiere konnten sich natürlich nicht selbst ernähren und mußten auch im Sommer gefüttert werden. Dies geschah zunächst an der Schwanenbucht, wo sich dann die meisten Schwäne aufhielten. Da die Tiere aber mehr im Stadtgebiet zu sehen sein sollten, wurde ihnen 1904 ein schmuckvolles Futterhaus gebaut und auf der Binnenalster verankert.

Dies neue, mit vier Eckkuppeln und Blumenkübeln versehene Futterhaus wurde wenige Monate nach seiner Fertigstellung angezündet und brannte ab. Es wurde im selben Jahr erneuert, aber nicht ganz so schmuckvoll wie das erste. 1915 wurde das Futterhaus, das nachts beleuchtet sein mußte, »wegen Petroleummangel« zum Schiffsloch an der Krugkoppelbrücke verlegt. 1928 wurde es wegen Baufälligkeit abgerissen.

Über die Bestandsdichte der Alsterschwäne wurde viele Jahre diskutiert. Die gewünschte Anzahl schwankte zwischen 150 und 250 Tieren. Schon

1856 legte der Senator Geffcken, der für die Schwäne zuständig war, fest, daß die »übliche Zahl« der Alsterschwäne nicht unter 150 Tiere sinken sollte. Die Zahl entspricht in etwa unserem heutigen leicht schwankenden Schwanenbestand.

Das Halten der Schwäne war zunächst auf die Binnenalster und die Wasserflächen der Wallanlagen begrenzt. Mit der Ausdehnung der Stadt über Sankt Georg und besonders durch den Erwerb der Alster konnten dann auch die Außenalster und deren Kanäle einbezogen werden. 1937 wurden per Gesetz dann noch die bis dahin selbständigen Städte Altona, Harburg und Wandsbek eingemeindet. Tatsächlich zur Anwendung kam dieses Gesetz über Groß-Hamburg kriegsbedingt erst nach 1945 – aber trotzdem: Wer kann sich heute noch vorstellen, daß Hamburg 1928 der Stadt Wandsbek auf Anfrage Alsterschwäne überlassen hat. In einem Schreiben heißt es:

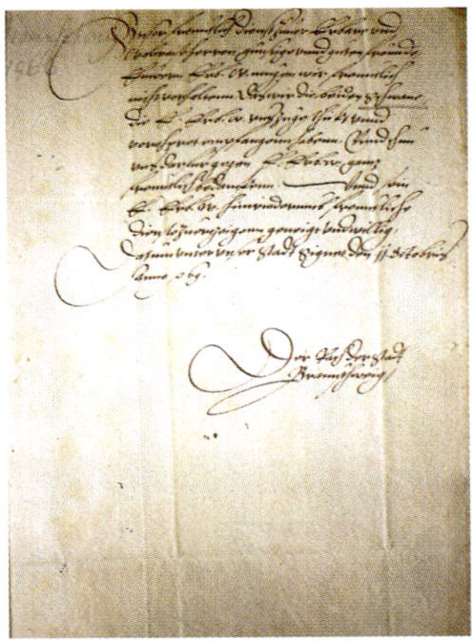

Das älteste Hamburger Schwäne betreffende Schriftstück. Es stammt aus dem Jahr 1569.

»An den Magistrat, Wandsbek. 27.2.28
Betrifft: Überlassung von Alsterschwänen.
Zum Schreiben vom 2/2.1928 – I-412 –.
Die Finanzdeputation ist, obgleich der Bestand an Alsterschwänen noch sehr zu wünschen übrig läßt, ausnahmsweise bereit, dem Wunsche der Stadt Wandsbek entgegen zu kommen und ein Schwanenpaar zu überlassen. Dem weiteren Wunsche um Überlassung von 2 jungen Schwanenweibchen bedauert die Finanzdeputation jedoch nicht entsprechen zu können.
Wegen Abholung der Schwäne wird gebeten, mit der 2. Ingenieurabteilung der Baudeputation, Bleichenbrücke 17, in Verbindung zu treten.

Die Finanzdeputation
gez. Siehmsen Dr.«

Das älteste Hamburger Schwäne betreffende Schriftstück ist ein Dankschreiben des Rates der Stadt Braunschweig für die ihm überlassenen Schwäne an »Den ehrbaren und wolweisen Herren Bürgermeistern und Rathe der Stadt Hamburg, unseren günstigen undt guten Freunden«. Diese Tradition, befreundeten Städten und Staaten Schwäne als besondere Staatsgeschenke zu überlassen, wurde vom Hamburger Senat seit Jahrhunderten bis in die heutige Zeit gepflegt und ist erhalten geblieben. Vor dem Krieg gingen Schwäne als Geschenk nach Böhmen, New York, England, Mexiko, Rußland und sogar bis nach China. Und auch nach 1950 wurde dieser besondere Brauch fortgeführt.

Die verschiedenen Kriege, die Hamburg in den vergangenen Jahrhunderten erlebte, hatten jedesmal den Zusammenbruch des Schwanenbestandes zur Folge. Den letzten Krieg überlebten nur einzelne Tiere, und in dem harten Nachkriegswinter 1946 verschwanden auch die letzten beiden Schwäne aus der alten Schwanenbucht spurlos. Damals wohnte ich am Schwanenwik und ahnte nicht, daß ich einmal rund 46 Dienstjahre für die Alsterschwäne verantwortlich sein würde.
Im Auftrag von Bürgermeister Max Brauer wurden 1949 die ersten 30 Schwäne über die Firma Carl Hagenbeck bezogen. Doch der erwünschte Nachwuchs blieb aus, und so wurden 1950 weitere 50 Schwäne über Hagenbeck gekauft. Diese Tiere bildeten den Grundstock für die zukünf-

Der ehemalige Militärgouverneur und spätere Generalkonsul von Hamburg, Sir Dunlop (links), im Gespräch mit Bürgermeister Brauer.

Gemeinsam mit dem isländischen Konsul Siemsen konnte ich nachts die Singschwäne vom Flughafen abholen.

tige Schwanenpopulation auf der Alster. Wie mir Hagenbeck später schriftlich bestätigte, stammten diese Jungtiere alle aus Holland. Es waren kräftige Vögel der hellen Linie, der »Immutabilis-Variante«.

Mein Auftrag lautete damals, möglichst schnell wieder den Vorkriegsbestand von 400 Tieren zu erreichen. Als die ersten Schwäne geschlechtsreif wurden, ging es auch schnell voran. Gleichzeitig war es mir möglich, nach und nach Vögel der ursprünglichen Wildform, mit dunklen Rudern und graubraunen Jungtieren, zu beschaffen.

Zunächst bekam Hamburg zur Internationalen Gartenbauausstellung (IGA) 1953 von der englischen Königin Elizabeth II. in einer beeindruckenden Zeremonie zwei Höckerschwanenpaare geschenkt. Die Tiere wurden eingeflogen und von vielen offiziellen Personen begleitet. In einem Konvoi, angeführt von einem Wagen mit der Schwanenflagge des Schwanenmeisters der englischen Königin, wurden sie dann vom Flughafen zum Gelände der Ausstellung gebracht. Anschließend übergab der englische Landeskommissar und Generalkonsul Dunlop die Schwäne auf dem festlich hergerichteten Damm des alten Botanischen Gartens Hamburgs Bürgermeister Max Brauer. Als Gegengeschenk für die Königin wurde meinem englischen Amtskollegen Turk ein riesiger Blumenstrauß von der IGA mitgegeben.

Am Abend hatte ich meinen ersten Fernsehauftritt mit einem der königlichen Schwäne im alten Bunker am Heiligengeistfeld. Gesprächspartner waren der Landeskommissar Dunlop, Professor Mevius, als Hausherr des Botanischen- und Zoologischen Institutes, und geleitet wurde diese Sendung von dem legendären Jochen Richard. Alle Zeitungen berichteten über dieses besondere Ereignis.

Von Island bekam Hamburg 1958 ein Paar Singschwäne geschenkt. Konsul Siemsen überreichte dem Senatsvertreter Flügel in einem kleineren feierlichen Akt die Tiere.

Die Piloten der Islandair hatten die beiden Schwäne während des Fluges zur besseren Kontrolle hinter sich plaziert. Die beiden Vögel sollen die Piloten durch »lautstarkes Unterhalten« arg gestört haben.

Als Gegengeschenk ging ein Höckerschwanenpaar nach Reykjavík. Zufällig wurden sie von denselben Piloten geflogen, die auch die Singschwäne transportiert hatten. Und die erinnerten sich sofort an die Lautstärke ihrer Passagiere und wollten unsere Schwäne deshalb im Frachtraum unter-

bringen. Erst als ich ihnen versicherte, daß unsere Tiere absolut leise seien und keinen Krach machten, nahmen sie diese auch nach vorn.
Vor dem Krieg wurden die Schwäne in Weidenkörben per Schiff verschickt. Für den Flugtransport werden heute Kisten gebaut, in denen die Tiere aufrecht stehen und sich auch umdrehen können. Die Maße werden von den Fluggesellschaften vorgegeben.
Nachdem sich der Schwanenbestand in der Hansestadt stabilisiert hatte, gab der Senat auch wieder Alsterschwäne an verschiedene deutsche Städte oder auch andere Staaten ab, wie Österreich, Israel, die Türkei, Brasilien oder Japan. Den Schwänen für den Kaiserpalast in Japan durfte ich besondere Ringe fertigen. Neben eingravierten japanischen Schriftzei-

Mit Jochen Richard, Professor Mevius und Generalkonsul Dunlop (von rechts nach links) stellte ich die Schwäne der englischen Königin im Studio des NWDR, im Bunker am Heiligengeistfeld, der Öffentlichkeit vor.

Ganz besondere Ringe erhielten die Schwäne für Japan.

chen waren auch das Hamburger Wappen und das Emblem der Lufthansa zu sehen, die den Transport der Geschenke übernommen hatte.
In den fünfziger Jahren wurden die Tiere in den Sommermonaten leicht zugefüttert. Dazu mußte ich ein kleines Futterhäuschen entwerfen, das wenige Jahre auf der Harvestehuder Seite beschickt wurde. Als sich dort kaum noch Tiere einfanden, wurde die Fütterung eingestellt.
Unverpaarte Schwäne schwimmen bis zur Geschlechtsreife in mehr oder weniger großen Gruppen umher. Für den Laien ergibt sich daher gelegentlich das falsche Bild von zu vielen Tieren. Es ist wie bei uns: Junge Menschen leben auch gern gesellig.
Da auch heute noch gern ein viel zu hoher Schwanenbestand für die Alster genannt wird, möchte ich hier als einzige Tabelle die Bestandskurve der letzten 46 Jahre vorstellen. Schwanenbestand bedeutet nicht gleich Brutpaarbestand. In den letzten 20 Jahren schwankte der Brutpaaranteil zwischen fünf und zehn Paaren.

Bestandskurve der Hamburger Alsterschwäne
– mit dem Stichtag 1. Januar –
von 1950 bis 1996

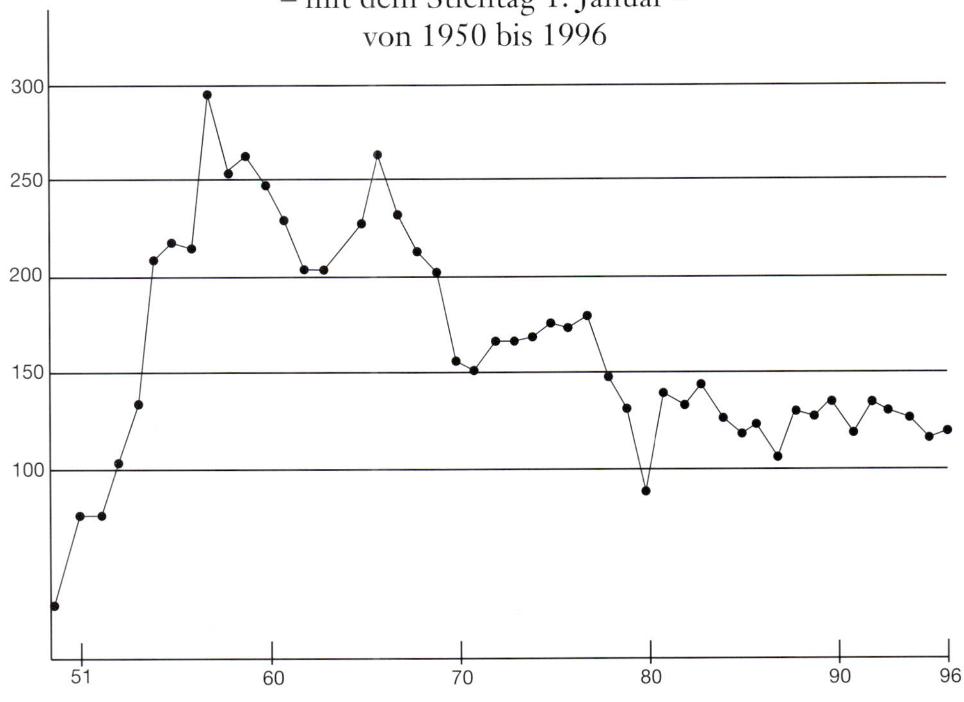

1958 wurden uns über eine Presseagentur Schwäne aus Eckernförde angeboten. Da sich unser Schwanenbestand zahlenmäßig erholt hatte, benötigten wir seinerzeit keine weiteren Tiere. Doch durch eine unbedachte unsachliche Äußerung eines angesprochenen Beamten kam es in ganz Deutschland zu einer Presseaktion. Mit Schlagzeilen wie »Wer möchte einen Schwan« wurde in allen möglichen Blättern dazu aufgerufen, sich Schwäne aus Hamburg zu holen.
Hunderte Anfragen und Bitten von Stadtverwaltungen und Privatpersonen nach Überlassung von Schwänen erreichten die Stadt und mußten bearbeitet werden. Zur Prüfung und Beantwortung der vielen Post wurde zusätzlich ein Inspektor abgestellt, der auch noch ein Schmuckblatt für die kostenfreie Übereignung entwerfen wollte.

Ein Singschwan bei der Landung. Die Reiher- und Stockenten lassen sich dadurch kaum irritieren.

Gegenüberliegende Seite: Die beschriebenen Mißbildungen konnten bei fast allen Wasserwildarten festgestellt werden. Von links nach rechts: Stockente mit Schnabelmißbildung. Junger Höckerschwan mit Schnabelmißbildung. Stockente mit doppelseitigen Kippflügeln. Kannadagans mit doppelseitigen Kippflügeln. Höckerschwan mit linksseitigem Kippflügel. Zwergwuchs beim Höckerschwan Höckerschwan mit Knickhals. Stummelschwanz – keine ausgebildeten Stoßfedern.

Da wir sowieso nur eine begrenzte Anzahl von Tieren abgeben konnten, wurden alle überzähligen Anfragen an Eckernförde – auch auf deren Bitte hin – weitergeleitet. Bei der Flut dieser Anfragen hätten wir einer Großtierhandlung einen Dauerauftrag geben müssen. Der größte Witz war später, daß uns der Nachwuchs von den hier kostenfrei abgegebenen Schwänen ernsthaft zum Kauf angeboten wurde. Ein von mir mitgegebener Standardbrief hatte die Bitte zum Inhalt, die freie Wildbahn nicht mit dem Nachwuchs dieser Vögel zu belasten.
Ich stand dieser ganzen Aktion von vornherein skeptisch gegenüber, und sie hatte auch tatsächlich Folgen. Nicht nur die Abholung der Tiere bereitete Schwierigkeiten. Durch diese ganze Geschichte kam es zu einer von mir nicht gewollten Weitergabe der »Hollandlinie«, die zu Mißbildungen neigte. Zu dieser Zeit war ich gerade dabei, die nicht erwünschte Erbanlage solcher Vögel auf unblutigem Wege zu reduzieren. Die Schwäne bekamen einfach Eier von nicht zu Mißbildungen neigenden Tieren zur Bebrütung untergelegt. Da die Vögel weder bei einer anderen Anzahl von Eiern irritiert reagieren noch wissen, ob sie eigene oder fremde Eier ausbrüten, funktionierte mein Vorhaben sehr gut. Die Brutpaare blieben in ihren bekannten Revieren, zogen die von ihnen erbrüteten Jungtiere groß, und der Gesamtbestand konnte durch diese Methode gleichfalls konstant gehalten werden.
Schon 1931 schreibt Dr. Nicolaus Peters: »… wie Herr Dr. Heinroth mir mitteilte, sollen vornehmlich in Holland albinotische Schwäne gezüchtet werden«. Volle Klarheit erreichte auch er nicht. Aber wie mir vom Tierhandel bestätigt wurde, hatte man tatsächlich gezielt diese helle Erbanlage gezüchtet. Die Jungtiere sind bereits als Küken und im ersten Jahr weiß statt dunkel. In den Preislisten des Tierhandels wurde zum Beispiel ein Paar Jungschwäne (normale dunkle Jungtiere) für 100 DM angeboten und ein Paar weiße Schwäne für 200 DM. Dabei handelte es sich in beiden Fällen um gleich alte Jungtiere. Ein Uneingeweihter, der gleich weiße Schwäne haben möchte, ahnt beim Kauf natürlich nicht, daß er keine Altvögel erworben hat.
Diese geschäftlichen Tricks haben besonders in den ersten Nachkriegsjahren zur Verbreitung dieser »Hollandlinie« geführt. Abweichend von der normalen körperlichen Entwicklung, kam es aufgrund unterschiedlicher Ursachen, in erster Linie vermutlich durch Inzucht, zu körperlichen Miß-

Gegenüberliegende Seite: Die geschlechtsreifen Singschwäne suchen sich ihre Reviere in Hamburg immer weiter nördlich. Sie ziehen für die Brut versteckte Nebenarme großen Wasserflächen vor.
Folgende Seiten: Unter strenger Bewachung durch die Eltern werden die Küken zum Wasser geführt.

bildungen. Es gab Tiere mit Schnabelmißbildungen: Hier ist der Oberschnabel bis zu zwei Zentimeter verkürzt. Das hängt auch mit dem Knochenbau zusammen. Der sonst den Unterschnabel überdeckende Nagel des Oberschnabels liegt im Unterschnabel. Mit diesem Nagel beißen die Tiere ständig auf die normal lange Zunge, die dann meist blutig ist. Bei der Nahrungsaufnahme und der Gefiederpflege sind solche Vögel stark behindert.

Eine weitere Mißbildung sind ein- oder doppelseitige Kipp- oder Drehflügel: Diese Vögel haben an den Handschwingen Verdrehungen. Sie sind unfähig, die »Hand« in normaler Lage unter der Armschwinge zu halten und sie ordentlich in die seitliche Flügeltasche zu legen. Diese verdrehten Hände stehen weit vom Körper ab. Mit der Zeit verschleißen die Fahnen, so daß die Federschäfte wie kleine Spieße weit vom Körper abstehen. In keinem Entwicklungsstadium können diese Vögel fliegen, sie sind in ihrer Lebensweise, besonders bei Frost, sehr beeinträchtigt.

Halsverkrümmungen und -versteifungen können als Folge einer späteren Erkrankung, aber auch erblich bedingt auftreten. Stummelschwänze, also fehlende oder schiefe Stöße, gehen zwar meist auf äußere Einwirkungen zurück, sind aber auch als Erbfehler aufgetreten. Häufig sind diese Verstümmelungen mit einer entzündeten, eiterigen Wunde verbunden.

Schwäne, die in ihrer ganzen Körperkonstitution krank und schwach sind, bleiben von einer weiteren Vererbung ausgeschlossen. Kleiner Wuchs, schlechte Körperhaltung sowie ein ungepflegtes, schmutziges Gefieder bilden dafür wichtige Anhaltspunkte. Eine genaue Kartierung und Kenntnis über alle Paare ist für derartige Aktionen allerdings Voraussetzung.

Anwohner, die ihre Schwäne persönlich kannten und liebten, merkten vom Eiaustausch übrigens meistens nichts. So gelang es, diese unerwünschten Erbanlagen in wenigen Jahren zu verdrängen.

Singschwäne

Seit 1952 leben auch Singschwäne auf der Alster, die seit 1958 auch regelmäßig erfolgreich brüten. Sie zeigen sich selten auf der Außenalster, sondern besiedeln lieber die Alsterläufe. Ab Eppendorfer Mühlenteich, in nördlicher Richtung, teilten sich bis zu fünf Brutpaare unterhalb der

Fuhlsbüttler Schleuse den Inselkanal, den Rathenaukanal, den Brabandkanal und den Ringkanal. Sie leben offensichtlich lieber versteckter. Da sie sich bei ihren Revieransprüchen doch deutlich aggressiver verhalten als Höckerschwäne, müssen sich die neuen Brutpaare immer weiter nördlich, jenseits der Landesgrenzen ansiedeln. Selbst in der Luft jagen sie laut rufend hinter den Eindringlingen her und suchen den Kampf. Außerdem greifen sie ihre Gegner fast immer zu zweit an, und dabei macht ihnen ihre laute Stimme bei Angriff und Verteidigung wenig Freunde.

Im Gegensatz zum geschlossenen Brustbein des Höckerschwans, dessen Luftröhre direkt zur Lunge führt, haben die Sing- und Zwergschwäne ein hohles Brustbein. In diesem Brustbein liegt die verlängerte Luftröhre in einer Schlaufe. Dies soll die Ursache für ihre lauten und trompetenartigen Rufe sein.

Gelege von Singschwänen haben zwischen vier und sieben Eiern. Sie sind etwas heller gefärbt als die der Höckerschwäne.

Während der Brut brauchen die Anwohner besonders gute Nerven. Wenn die Schwänin brütet, fliegt er, laut rufend, mehrmals täglich sein Revier ab, auf der Suche nach anderen Schwänen.

Vor den großen Fensterscheiben der Häuser greifen sie bei Sonnenaufgang ihr eigenes Spiegelbild an. Dabei beißen und schlagen sie auch heftig gegen die Scheiben, um den dort vermeintlich sichtbaren Gegner zu vertreiben. In der Brutperiode wiederholen sich solche Attacken mehrmals täglich und machen die Wohnungsinhaber natürlich ärgerlich. Nicht jeder ist bereit, während der Balz- und Brutzeit der Schwäne ein Tuch zur Abdeckung des Spiegelbildes an der Scheibe anzubringen. An der Oberalster in Wohldorf schlug einmal ein erregter Singschwan die Scheiben eines alten Gewächshauses ein, die später mit Maschendraht gesichert wurden. Wenn kein vermeintlicher Gegner zu sehen ist, ziehen sie beruhigt wieder ab. Gegenüber Menschen sind sie friedlich.

Auf der kleinen Vogelschutzinsel im Ringkanal brütete viele Jahre ein Singschwanpaar, ohne daß jemand an ihnen Anstoß nahm. Doch dann wurde hinter dem Löschplatz Am Hasenberge eine Kirche gebaut, und die Singschwäne stimmten beim Glockengeläut immer lautstark mit ein. Das störte im Kirchenkreis so stark, daß ich dienstlich beauftragt wurde, dieses Schwanenpaar dort zu entfernen.

Der von Menschen erzeugte Lärm ist normal, die natürlichen Lautäußerungen von Tieren stören.

Natürlich gelang es mir nie, dieses schöne Paar dort wegzufangen. Nach

Oben: Die auf einer Insel brütende Schwänin wird aufmerksam vom Männchen bewacht.
Links: Singschwanküken sind an ihrer helleren Schnabelfärbung leicht von Höckerschwänen zu unterscheiden.

Anders als Höckerschwäne, die zunächst eine Drohhaltung einnehmen, greifen Singschwäne ohne jede Vorwarnung an.

einigen Jahren verlegten die Schwäne von sich aus ihren Nistplatz immer weiter nördlich. Vielleicht mochten sie das Glockengeläut nicht mehr hören.

Die alten Singschwäne fliegen im Herbst mit ihren Jungen offensichtlich weit umher, um sie abzusetzen. Doch nach längerer Abwesenheit kommen unsere inzwischen in Schweden beringten Singschwäne in der Frostperiode in unser Winterquartier geflogen. Da sie am Gesicht und am Verhalten eindeutig zu unterscheiden sind, sind die geborenen Hamburger gut zu erkennen. Auch wenn die Schwarzgelbzeichnung bei den Singschwänen nicht so stark variiert wie bei den Zwergschwänen, ist eine individuelle Unterscheidung möglich.

Auch handzahme ältere Singschwäne kommen oftmals nach mehreren Tagen Abwesenheit mit Aluminium- und blauen Plastikringen aus Skandinavien zurück. Die an Menschen gewöhnten Tiere lassen sich leicht fangen und beringen. Die meisten handzahmen Jungtiere werden mit der Zeit immer vorsichtiger und empfindlicher. Mit Beginn der Geschlechtsreife suchen sie auch weiter nördlich liegende Gebiete auf und schließen sich der Wildpopulation an.

Meist gehen sie gemeinsam, laut rufend, auf den Gegner los.

Schwarze Schwäne

1965 schenkte der Rotary Club der Stadt Hamburg ein schwarzes Schwanenpaar. In Anwesenheit von Staatsrat Mestern wurden die Vögel nach einem feierlichen Akt auf die Außenalster entlassen. Nach einigen Wochen verzogen sich die Tiere von der Alster in den Eilbekkanal und hielten sich dort an einer recht ungünstigen Stelle auf. Deshalb setzte ich sie auf den Teich von Planten un Blomen. Viele Jahre waren sie dort eine Attraktion. Entsprechend ihrer australischen Herkunft brüteten sie jedes Jahr im Herbst, aber kein Jungtier erreichte die Geschlechtsreife. Als Hauptursache wurden Magenwürmer festgestellt. Es verschwanden auch immer wieder auf ungeklärte Weise Jungvögel. Zuletzt brütete dieses Paar im Dezember 1986 erfolglos am Eppendorfer Mühlenteich. Als das Männchen in jenem Winter starb, verblieb das Weibchen bis zu ihrem Tod im Großgehege unserer Station.

Die Küken der Schwarzen Schwäne sind denen der Höckerschwäne sehr ähnlich.

Die Lebensweise der königlichen Vögel

Schwanenarten

Von den sieben Schwanenarten und einem Halbschwan, die es auf der Welt gibt, kommen drei in Europa vor. In unseren Breiten ist vor allem der Höckerschwan bekannt, der hier als Stand- und als Brutvogel beheimatet ist. Nur die nördlicher und östlicher brütenden Höckerschwäne sind Zugvögel. Die in Skandinavien brütenden Singschwäne und die im nördlichen Rußland brütenden Zwergschwäne verbringen als echte Zugvögel das winterliche Halbjahr bei uns.

Höckerschwan in typischer Drohhaltung.

Der Höckerschwan *(Cygnus olor)* hat ein weißes Gefieder mit spitzem, leicht aufwärts getragenem Stoß und dunkle, fast schwarze Ruder. Auf dem mehr oder weniger stark rot gefärbten Schnabel trägt er unmittelbar vor der Stirn einen schwarzen Höcker. Die Halshaltung ist meist S-förmig. Charakteristisch für den Höckerschwan ist das Flügelstellen, eine Imponier- oder Drohhaltung, die ihn von den Singschwanarten klar unterscheidet. Die Augen sind haselnußbraun, und der Nagel des Oberschnabels, das Nasenloch und die Schnabelränder schwarz. Im Flug ist sein metallisches Fluggeräusch weithin gut zu hören. Junge Höckerschwäne haben ein graubraunes Federkleid, dunkle Ruder und zunächst eine bleigraue Schnabelfarbe. Neben dem noch nicht geprägten Höcker und den dunklen Augen ist das schwarze Dreieck vom Schnabel bis zu den Augen ein sicheres Erkennungsmerkmal. Die Fluggeräusche unterscheiden sich nicht von denen eines Altvogels.
Vom Höckerschwan gibt es eine albinotische Variante *(Cygnus olor immutabilis)*. Diese Tiere haben hellere, fleischfarbene bis schmutziggraue Ruder. Ihre Augen sind meist dunkel, aber es kommen auch helle, blaugraue Augen vor. Der Schnabel ist häufig intensiv rot gefärbt. Auf dem Oberschnabel haben einige dieser Vögel ein leicht bläuliches V-Zeichen mit Querbinde.
Das Federkleid der Jungvögel ist, anders als bei dem bekannten Höckerschwan, weiß bis gelblich-weiß. Ihre Ruder sind wie bei den Altvögeln hell und fleischfarben, die Augen auch meist dunkel. Der Oberschnabel ist aber fleischfarben bis rosa gefärbt, mit einem gleichfalls bis zu den Augen reichenden schwarzen Dreieck.
Der ausgewachsene Singschwan *(Cygnus cygnus cygnus)* hat ebenfalls ein weißes Gefieder, aber eine fast kerzengerade Halshaltung. Das für den Höckerschwan typische Flügelstellen mit der S-förmigen Halshaltung ist bei ihm nicht zu beobachten. Den abgerundeten Stoß trägt er waagerecht zur Wasserfläche. Die Ruder sind dunkel. Ein Drittel bis zwei Drittel des sonst schwarzen Schnabels sind an der Wurzel gelb gefärbt. Das Gelb verläuft spitz zur Schnabelspitze. Singschwäne sind sehr ruffreudig und haben eine helle, weithin hörbare klangvolle Stimme. Wenn sie fliegen, hört man nur ein Schwingenrauschen.
Junge Singschwäne tragen ein bräunlich-graues Federkleid. Die Schnäbel sind zunächst überwiegend fleischfarben, erst allmählich bildet sich die

arttypische Zeichnung. Die Ruder können zunächst eine hellere Färbung haben.

Die Gelbzeichnung des Singschwans verläuft spitz zur schwarzen Schnabelspitze.

Der ausgewachsene Zwergschwan *(Cygnus columbianus bewickii)* ist die nördliche und kleinere Ausgabe des Singschwanes. Er ist lediglich gänsegroß. Der Schnabel ist nur zu etwa einem Drittel gelb an der Wurzel, das Gelb verläuft abgerundet zur Schnabelspitze. Auch Zwergschwäne sind sehr ruffreudig, haben aber eine dunklere Stimme als der Singschwan.
Die jungen Zwergschwäne haben wie die jungen Singschwäne ein bräunlich-graues Gefieder. Auch ihre Schnabelfärbung ist vorerst überwiegend fleischfarben und verändert sich nur langsam.
Die Jungschwäne aller Arten leben etwa bis zum folgenden Frühjahr im Familienverband. Dann werden sie von den Altvögeln nicht mehr geduldet und schließen sich zu »Junggesellenverbänden« zusammen.

Beim kleineren Zwergschwan verläuft die gelbe Zeichnung kürzer und abgerundet von der Schnabelwurzel zur Spitze.

Zur Ergänzung seien noch kurz die anderen Arten beziehungsweise Unterarten vorgestellt: Mit dem Zwergschwan eng verwandt ist der nordostsibirische Jankowskischwan *(Cygnus columbianus jankowskii)*, der in den weiten Tundren Eurasiens sein Nest baut.

In Alaska, Kanada und Nordamerika lebt der Trompeterschwan *(Cygnus cygnus buccinator)*, er ist der größte der Schwanengattung. Die kleinere Ausgabe, der Pfeifschwan *(Cygnus columbianus columbianus)*, ist wie unser Zwergschwan weiter nördlich beheimatet. Beide Arten sind offensichtlich sehr eng mit unseren nordischen Schwänen verwandt.

In Südamerika kommt der sehr hübsche, unserem Höckerschwan ähnliche Schwarzhalsschwan *(Cygnus melano coryphus)* vor. Er hat einen weißen Körper und einen vollständig schwarzen Hals. Auf seinem bläulichen Schnabel trägt er einen roten Höcker.

Der große Trompetenschwan (links) und der kleinere Pfeifschwan (unten) leben in Nordamerika. Sie sind bis weit nach Alaska hinein verbreitet.

Südamerika ist die Heimat des Koskoroba-schwans, eines Halb-schwans (rechts), und des dem Höckerschwan ähnlichen Schwarzhals-schwans (unten).

Etwa im gleichen Gebiet lebt auch der Halbschwan, Koskorobaschwan *(Coscoroba coscoroba)* genannt. Er hat ein weißes Gefieder und dunkle Handschwingen. Es ist umstritten, ob diese Art zu den Schwänen zu zählen ist.
In Südaustralien und Neuseeland ist der Schwarze Schwan beheimatet, auch Trauerschwan genannt *(Cygnus atratus)*. Dieser Vogel hat ein schwarzes Gefieder und weiße Handschwingen. Er ist ruffreudig und hat einen roten Schnabel. Als »Zooflüchtling« kommt er inzwischen auch in einigen europäischen Ländern vor.
Bei allen Arten sind Männchen und Weibchen gleich gefärbt, wobei das Männchen in den meisten Fällen etwas kräftiger ist.

Auch der Schwarze Schwan Australiens zeigt das vom Höckerschwan bekannte Flügelstellen – die Drohhaltung.

Alter und Ringfunde

Altersangaben über Höckerschwäne sind recht unterschiedlich. Doch da Gänse über 30 Jahre alt werden können, kann man wohl auch bei Höckerschwänen ein hohes Alter annehmen. In England soll nachweislich ein Schwan von 72 Jahren gestorben sein. Man nannte ihn »Old Jack«. Im »Handbuch der Vögel Mitteleuropas« werden die bisher ältesten Ringvögel mit 19 Jahren angegeben. Im Baseler Zoo gab es einen über 20jährigen Schwan. Andere Autoren machen noch bedeutend höhere Altersangaben. Solche Aussagen sind nicht unwahrscheinlich, besonders Tiere mit später Geschlechtsreife werden oft recht alt, aber Altersangaben von 100 oder gar 120 Lebensjahren sind zu bezweifeln.
Der Nachweis solcher Daten kann nur über die exakte Kennzeichnung der Tiere gelingen. In erster Linie geschieht dies durch Beringungen. Die zwangsläufig leichten Fußringe werden aber durch die ständigen Bewegungen über Jahre immer dünner. Zunächst ist die eingestanzte Beringungszentrale nicht mehr erkennbar, später auch die Beringungsnummer

Aufgebogene Ringe von Beringungsstationen aus verschiedenen Ländern. Sie geben Auskunft über Alter und Zugweg der Vögel.

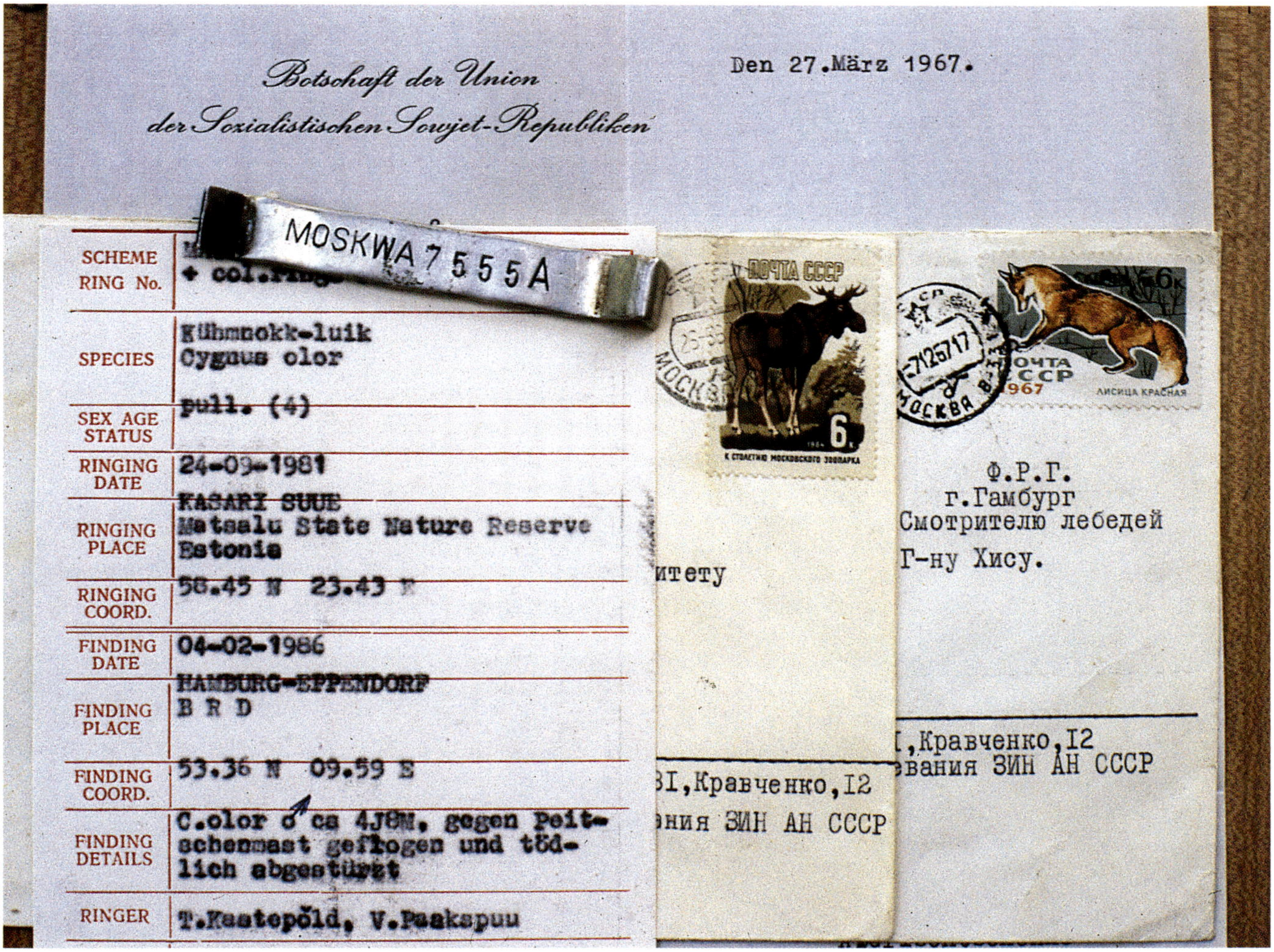

nicht mehr, und nach gut 20 Jahren gehen sie schließlich verloren. Deshalb konnte mancher wertvolle Ringfund nicht mehr ausgewertet werden. Von meinen 425 Kennzeichnungen konnte ich nur das Alter von 284 Schwänen auswerten. Der älteste Ringvogel war eine Schwänin, die schon längere Zeit kränkelte und 24 Jahre alt wurde. Es war ihr Lebensalter, nicht ihr Beringungsalter. Bei Höckerschwänen ist die optische Altersbestimmung mit Sicherheit nur bis zum zweiten Lebensjahr möglich. Im ersten Lebensjahr einwandfrei am dunklen Federkleid und an der Schnabelfärbung, im zweiten Lebensjahr an der noch dunkleren Schnabelfär-

Wird ein beringter Schwan gefunden, wird dies seiner Beringungsstation (hier Moskau) gemeldet. Diese schickt daraufhin die bekannten Daten des Schwans.

bung und eventuell an Resten von Jugendgefieder auf dem Rücken. Im dritten Jahr an der Schnabelfärbung, aber nur wenn man den Schwan sehr gut kennt. Wenn bei der Kennzeichnung das Alter nicht mehr feststellbar ist, wird vom Beringungsalter gesprochen.

Auf der Alster beringte Schwäne müssen nicht unbedingt geborene Alsterschwäne sein. Auf der Durchreise rasten auch viele andere Schwäne hier. Außer denen mit Ringen der Vogelwarte Helgoland wurden Schwäne aus fast allen europäischen Ländern gefunden. Die größte Strecke hatten Tiere aus Estland zurückgelegt. Sie waren gut 1000 Kilometer entfernt beringt worden. Wobei zu bedenken ist, daß diese Vögel nicht direkt hierher, sondern vorher viele Umwege fliegen. Der überwiegende Teil der Fernfunde stammte aus Dänemark, gefolgt von der Vogelwarte Hiddensee, weitere kamen aus Polen, Lettland, Rußland, Schweden, Belgien und Holland. Ein Vogel kam vom Bodensee mit einem Ring der Schwanenwarte Romannshorn.

All diese Fernfunde belegen, daß wir mitten im natürlichen Überwinterungsgebiet der Höckerschwäne liegen.

Neuerdings werden auch farbige Ringe verwendet. Jede Farbe steht für ein bestimmtes Verbreitungsgebiet.

Das Einfangen der Schwäne im November und das Freilassen im Frühjahr wird von den Hamburger Bürgern mit großem Interesse verfolgt, es zieht aber auch immer wieder die internationale Presse an. Oft konnte ich den angereisten Journalisten mit einer Alsterrundfahrt und einem Vortrag über die Geschichte der Alsterschwäne einiges über unsere Hansestadt nahebringen. Von Amerika über Afrika und Asien, immer wieder gab es positive Resonanz. Die Alsterschwäne sind inzwischen internationale Hamburg-Werbung. Auch viele hochrangige Wissenschaftler und Politiker besuchten unsere Dienststelle in den vergangenen Jahren. Waren es Besuche, die offiziell über den Dienstweg zustande gekommen waren, war allerdings in den meisten Fällen ein direktes fachliches Gespräch mit den Gästen kaum möglich. Denn in solchen Fällen kamen immer mehrere Beamte aus den höheren Gehaltsgruppen mit, die dann – wenn auch sachlich oft nicht richtig – möglichst alle Fragen selbst beantworteten.
Einmal sagte sich ein Senator an. Er wollte gern bei der Freilassung der Schwäne dabeisein. Sofort meldeten sich auch hier wieder höhere Beamte mit an. Der Senator hörte davon und sagte den Termin »aus gesundheitlichen Gründen« ab. Am Tage der Freilassung kam er doch, allerdings ohne Behördenanhang. Bei Sonnenschein und mit viel Freude nahm er persönlich an dem Austreiben der Schwäne teil.
Wenn die bei uns überwinternden Wildschwäne aus Skandinavien und Osteuropa im Frühjahr in ihre angestammten Brutgebiete zurückkehren, werden auch unsere Alsterschwäne unruhig. Sobald nicht mehr mit zugefrorenen Wasserflächen zu rechnen ist, wird das Schwimmgatter geöffnet, und die Tiere werden aus dem Winterquartier entlassen. Mit dem Boot werden die Schwäne vorsichtig aus dem Eppendorfer Mühlenteich gedrückt, wobei die alte enge Brücke über die Eppendorfer Landstraße als erstes Hindernis genommen werden muß. Zügig werden sie dann über den Alsterlauf bis zur Außenalster begleitet.

Farbige Halsringe erleichtern das Ablesen der Ringnummern.

Senator Volker Lange läßt sich das Austreiben der Schwäne nicht entgehen.

Paarung, Brut und Aufzucht der Jungen

Gleich nach der Rückkehr aus dem Winterquartier schwimmen die alten Schwanenpaare zielstrebig in ihre angestammten Brutreviere. Dort beginnen sie, neben der Balz, meist an derselben Stelle wie im Vorjahr mit

*Von links nach rechts:
Mit leisen, hauchenden Lauten begrüßen sich die Partner.
Durch das Eintauchen der Köpfe und das Putzen des Seitengefieders steigert sich die Erregung.
Durch seitliches Absenken der Flügel signalisiert das Weibchen, daß es zur Paarung bereit ist.
So kann es vom Männchen leicht bestiegen werden.
Es kommt zur Kopulation, bei der das Weibchen einen langgezogenen Ton von sich gibt.
Danach schnellen die Partner zu einer großartigen Balzfigur in die Höhe.
Gegenüberliegende Seite:
Kaum eine andere Vogelart kann seine innige Verbundenheit zärtlicher ausdrücken als die Höckerschwäne mit dieser abschließenden Balzfigur.*

Der Paarungsvorgang wird mit intensivem Baden und Gefiederordnen abgeschlossen.

dem Nestbau. Die neuen Paare – Höckerschwäne sind in der Regel im dritten oder vierten Jahr geschlechtsreif – haben es schwer, sich ein Brutrevier zu erkämpfen.

Die Paarung der Höckerschwäne vollzieht sich immer im Wasser. In zärtlicher Haltung schwimmen zwei Schwäne aufeinander zu. Leise hauchende Laute ausstoßend, wenden sie ihre Köpfe abwechselnd nach links und rechts. Brust an Brust schmiegen sie dabei Hals und Köpfe aneinander. In kürzeren Abständen beginnen sie mit dem Eintauchen der Köpfe, unterbrochen durch ein Scheinputzen des Seitengefieders. Mit steigender Erregung senkt das Weibchen die Flügel seitlich ab. Dadurch scheint es flacher im Wasser zu liegen. Es wird vom Männchen bestiegen und dabei

fast völlig untergetaucht. Das Männchen beißt sich am Hals des Weibchens fest, um sein Gleichgewicht zu halten. In dieser Stellung kommt es zur Begattung, wobei das Weibchen einen leisen, langgezogenen Ton von sich gibt. Sofort nach der Kopulation schnellen beide Partner, wassertretend, Brust an Brust zu einer großartigen Balzfigur in die Höhe. Es gibt wohl kaum eine Tierart, die ihre Liebe so deutlich ausdrücken kann. Abschließend beginnen die Vögel mit dem Baden und Gefiederordnen. Gewöhnlich bleibt so ein Paar ein Leben lang zusammen.
Die Herrichtung des Nestes ist – neben der Paarung – in dieser Zeit die wichtigste aller Aktivitäten. Hat das Weibchen seinen Nistplatz gewählt, beginnen beide Partner mit der Aufhäufung des vorhandenen Materials. Zunächst wird alles, was mit dem Schnabel leicht zu erreichen ist, aufgeschichtet. In erster Linie alte Schilfhalme, aber auch Äste, Laub und andere Pflanzen. Das Baumaterial wird nicht, wie es andere Vögel tun, im

Ein Weibchen in Legehaltung. Das Hinterteil liegt genau über der Nistmulde, in die das Ei gelegt wird.

Ein Weibchen bei der Brut. Die Eier müssen immer wieder gewendet werden, damit sie nicht einseitig bebrütet werden. Dazu taucht die Schwänin mit Kopf und Schnabel tief unter die Eier.

Schnabel zum Nest getragen. Höckerschwäne nehmen es mit dem Schnabel auf und werfen es mit einer seitlichen Bewegung nach links oder rechts hinter sich, in Richtung des Nestes. Wenn auch recht mühsam und umständlich, entsteht auf diese Weise ein oft umfangreiches Nest, das über zwei Meter Durchmesser haben kann. Während das Männchen hauptsächlich die groben Arbeiten verrichtet, ist das Weibchen für die Feinheiten der Ausgestaltung der Nistmulde zuständig. Obwohl sichere und gute Brutplätze reichlich vorhanden sind, gibt es Paare, die aus mir unverständlichen Gründen die abenteuerlichsten Plätze wählen. In Ecken von Brücken, an Wanderwegen, direkt neben Bootsstegen usw. Wenige Meter weiter wären sie nach meinem Verständnis besser aufgehoben.
Vor, aber auch noch nach dem Krieg hatte man versucht, den Schwanenpaaren Nisthilfen anzubieten.

»Das Anlegen an die Schwanennester
und das Belästigen der Tiere
ist verboten.
Der Polizeipräsident«

Schilder mit diesem Text waren vor dem Krieg an hölzernen Schwimm- und Kastennestern angebracht. Bei Baggerarbeiten wurde ein Exemplar noch gefunden.
Ab 1950 wurden in der Werkstatt der Baubehörde zunächst noch diese vor dem Krieg üblichen Nisthilfen gebaut. Sie wurden im Frühjahr von einer Schute aus auf Pfählen in der Außenalster aufgestellt. Die Abstände der Nester wurden relativ willkürlich, nach menschlichem Ermessen, gewählt. Doch da die nach dem Krieg neu angeschafften Tiere solche Nisthilfen nicht kannten, wurden sie auch nicht zum Brüten genutzt. Lediglich als Ruheplatz kamen sie zum Einsatz, in erster Linie bei den Enten.
1957 machte ich den Vorschlag, auf die Nester zu verzichten und dafür kleine Brutinseln zu schaffen. Die würden Mensch und Hund von der brütenden Schwänin fernhalten und das lästige Füttern auf dem Nest unmöglich machen. Die Schwanenfamilien fänden hier Ruhe und ausreichenden Raum. Durch planmäßige Erstellung solcher Inseln könnte zusätzlich eine normale Revierverteilung geregelt werden. Außerdem entfiele das jährliche Aussetzen und Einziehen der Kastennester und die daran immer wieder erforderlichen Reparaturen.
Die hölzernen Kastennester wurden daraufhin nicht mehr ausgesetzt, der

Durchschnittsgelege eines Höckerschwanpaares mit sechs Eiern.

Bau dieser vorteilhaften Inseln aber trotzdem nie verwirklicht. Eine im Langen Zug hergerichtete Versuchsinsel hatte sich bestens bewährt. Doch es blieb dabei, daß sich die Tiere ihre Nistplätze im Uferbereich selbst suchen mußten. An oft ungeeigneten Plätzen waren und sind sie leider häufig Belästigungen von Mensch und Tier ausgesetzt.

Schon in der Nestbauphase kommt es zur Ablage der ersten Eier. Während der Legeperiode werden sie immer sorgfältig mit Nistmaterial zugedeckt, wenn das Schwanenpaar sich vom Nest entfernt. Ein vollständiges Gelege hat zwischen drei und elf Eiern, ein Durchschnittsgelege hat sechs Eier. Da das Weibchen jeden zweiten Tag ein Ei legt, dauert die Legeperiode schon bei einem Durchschnittsgelege zwölf Tage. Die höchste Eizahl eines Geleges bestand in Hamburg aus zehn Eiern.
Die Eiablage ist für das Weibchen recht anstrengend. Kurz vor dem Legen wird es unruhig und scheint Atembeschwerden zu bekommen. Dann schiebt es seinen Vorderkörper auf den Rand der Nistmulde und stützt sich mit beiden Beinen nach hinten ab. So liegt das Hinterteil genau über der Nistmulde. Nachdem das Ei herausgepreßt ist, setzt sich das Weibchen, offensichtlich sehr erschöpft, ins Nest.

Schwaneneier haben eine graugrüne Färbung. Das frischgelegte Ei hat zunächst einen feinen, weißlichen Überzug, der sich schnell abreibt. Ein Ei kann bis zu 375 Gramm wiegen, mit einer Länge von 120 und einem Durchmesser von bis 78 Millimetern. Bei einem Gelege von sechs Eiern immerhin rund 2250 Gramm.
Nach der Ablage des letzten Eies beginnt das Weibchen mit der etwa 36tägigen Bebrütung. Wie bei allen Nestflüchtern ist dies deshalb wichtig, damit die Küken fast gleichzeitig schlüpfen.
Mehrmals täglich werden die Eier vom Weibchen gewendet, damit sie nicht einseitig bebrütet werden. Dies geschieht auf zwei verschiedene Arten. Meist taucht das Schwanenweibchen mit Kopf und Schnabel tief unter die Eier und wendet diese dann um. Gelegentlich schiebt es sich aber auch einfach vorsichtig über die Eier und dreht sie so um.
Ein- bis zweimal täglich verläßt die Schwänin kurz ihr Gelege, nachdem sie dieses sorgfältig zugedeckt hat, um hastig etwas Nahrung aufzunehmen und zu baden. Auf den Nestrand zurückgekehrt, wird sorgfältig das Gefieder geordnet und das meiste Wasser herausgeputzt. Danach legt sie mit dem Schnabel das abgedeckte Gelege frei, wendet die Eier und setzt sich wieder vorsichtig darauf.

Revierkämpfe werden mit äußerster Härte geführt. Dabei kann einer der Rivalen durchaus zu Tode kommen.

Gelegentlich setzen sich bei Abwesenheit des Weibchens auch einzelne Männchen auf das Gelege. Dabei handelt es sich aber nicht um ein Ablösen bei der Brut, sondern nur um die unmittelbare Bewachung des Geleges. Dabei zieht das Männchen meist Halme oder Zweige zur Ausbesserung des Nestes herbei und baut diese ein. Sofort nach der Rückkehr des Weibchens verläßt es das Nest.

Die alleinige Aufgabe des Männchens ist die Verteidigung des Revieres und damit des Nestes.

Wenn die Reviergrenze festgelegt ist, genügt die Drohhaltung, um einen Gegner zu verscheuchen.

Revierkämpfe werden oft mit äußerster Härte durchgeführt und enden gelegentlich sogar mit dem Tode eines Männchens. Erblicken sich zwei Reviernachbarn, stürmen sie, mit ihren gewaltigen Schwingen schlagend,

aufeinander zu. Nachdem sie an der festgelegten, für uns unsichtbaren Grenze gelandet sind, kreisen sie mit aufgestellten Schwingen in höchster Erregung voreinander. Jeder versucht, den Nachbarn durch diese Drohgebärden, der Hals ist weit zurückgelegt, zu beeindrucken. Sie stoßen sich mit beiden Beinen gleichzeitig durchs Wasser und versuchen so, den Gegner ein paar Meter abzudrängen. Die Kreise werden schneller und enger gedreht, wobei auch leise schnaubende Laute zu vernehmen sind. Jeder ist bemüht, keine Schwäche zu zeigen und dem Nachbarn jede Chance zu nehmen, bei den Drehbewegungen in seinen Rücken zu springen. Gibt in dieser kritischen Phase keiner der Kontrahenten nach, kommt es zu einem erbitterten Kampf.
Die kräftigen Vögel springen sich an, verbeißen und verkeilen sich im Gefieder des Gegners und schlagen mit den mächtigen Schwingen gezielt aufeinander ein. Solche Kämpfe enden meist mit der Flucht des Schwächeren, dem der Sieger dann, hoch aufgerichtet, mit den Schwingen schlagend, triumphierende Laute nachschickt. Gelingt dem Unterlegenen die Flucht nicht, steigt der Stärkere auf seinen Rücken und schlägt so lange auf ihn ein, bis er sich nicht mehr bewegt. Nach solch heftigen Kämpfen

Andere Schwäne werden konsequent vertrieben.

erliegen die Männchen manchmal noch Tage später ihren inneren Verletzungen.

Endet der Kampf mit dem Tod eines Männchens, dehnt der Sieger seinen Revieranspruch nach und nach auf das neu erkämpfte Gebiet aus. Entdeckt er das ungeschützt brütende Nachbarweibchen, vertreibt er es vom Nest und aus dem Revier. Der Schwänin bleibt, nach mehreren vergeblichen Versuchen, heimlich auf das Gelege zurückzukommen, nur noch die Flucht ins neutrale Revier und der Anschluß an die anderen revierlosen Schwäne. Hat das Weibchen schon Küken, schleicht es sich in der Regel rechtzeitig mit dem Nachwuchs in eine abgelegene, versteckte Zone, um den Nachwuchs und sich in Sicherheit zu bringen. Dabei werden oft weite, besonders für die Küken anstrengende Fußmärsche zurückgelegt. »Witwen« und auch »Witwer« sind aber durchaus in der Lage, die Jungen allein großzuziehen.

Ein Weibchen mit ihren halbwüchsigen Jungen.

Ist die Reviergrenze festgelegt, genügt später das Einnehmen einer Drohgebärde, um diese gegenseitig zu respektieren. Die Reviergröße – in Hamburg zwischen drei bis achtzehn Hektar – hängt von den örtlichen Gegebenheiten ab. Daß die Uferzonen einen guten Ausstieg und ein ausreichendes Nahrungsangebot haben, daß es ungestörte Ruhezonen und gute Nistmöglichkeiten gibt, ist für die Tiere entscheidend. Die Größe der Wasserfläche allein ist nicht maßgebend. Nicht alle Gewässer oder Gewässerabschnitte, die uns Menschen als günstig oder geeignet erscheinen, werden von Schwänen besiedelt.

Die Binnenalster wurde am Ballindamm jahrelang nur von einem Brutpaar besiedelt. Ließ sich unter der Lombardsbrücke auch nur ein Schwan sehen, wurde er sofort angegriffen und vertrieben. Erst Jahre später erkämpfte sich ein weiteres Paar den zweiten Brutplatz am Jungfernstieg, an der Einbuchtung zur ehemaligen Stadtwassermühle. Seit dem S-Bahn-Bau, der Umgestaltung des Jungfernstieges und der Kleinen Alster mit der Rathausschleuse (bis 1973) wird dieser Gewässerabschnitt nur von revierlosen Schwänen aufgesucht. Die erste und einzige Brutkolonie von Höckerschwänen auf der Alster gab es 1958. In diesem Jahr waren viele Jungpaare geschlechtsreif geworden und suchten einen Brutplatz. In der

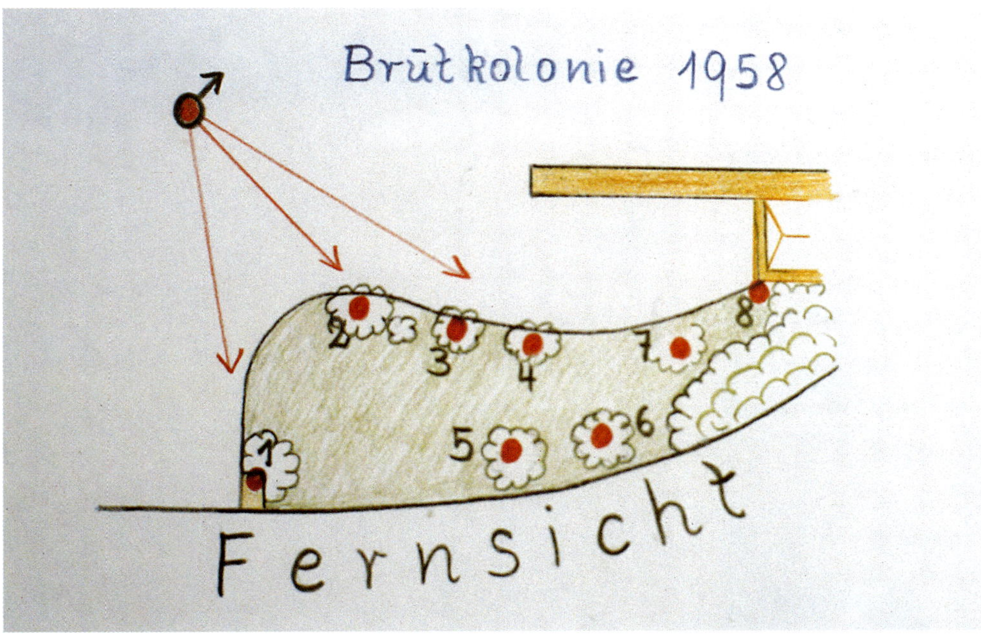

Die bisher einzige Hamburger Brutkolonie bestand aus acht Paaren. Leider wurde sie von einem Männchen aus dem Langen Zug angegriffen und zerschlagen.

relativ kleinen Grünanlage zwischen der Krugkoppel- und der Fernsichtbrücke siedelten sich acht neue Paare an. Der Abstand zwischen den Nestern betrug teilweise nur fünf bis sechs Meter. Trotzdem kämpften die Männchen nicht miteinander. Es genügten die Drohhaltung oder mal ein Schnabelbiß, um sich Respekt zu verschaffen. Nur jüngere Einzelgänger wurden intensiv vertrieben.

Doch eines Tages griff der Reviernachbar, der etwa 300 Meter entfernt seinen Nistplatz hatte, diese Brutkolonie an. Keines der jungen Männchen war dieser Aggressivität des alten Schwanes gewachsen. So schlug er nicht nur ein Männchen nach dem anderen zusammen, sondern vertrieb auch die Weibchen von den Nestern. In anderen Ländern, etwa in Dänemark, England und Polen, gibt es dagegen große Brutkolonien.

Melden sich die Küken schon durch die Eischale, bewacht das Männchen das Nest besonders intensiv.

Während der fortschreitenden Bebrütung nimmt das Weibchen die Bewegungen der Embryonen wahr. Ungefähr zwei Tage vor dem Schlüpfen sind deutliche Pieptöne zu vernehmen, die eine Verständigung zwischen dem Weibchen und den bald schlüpfenden Küken möglich machen. Die freudige Erregung ist nicht nur dem Weibchen anzumerken. Auch das Männchen sitzt dann meist in unmittelbarer Nähe und ist in dieser Phase besonders mutig und angriffsbereit. Auch die Küken scheinen sich schon untereinander zu verständigen. Ein weiterer Grund dafür, daß der Schlupfakt bei allen Küken fast zur gleichen Zeit erfolgt und in der Regel in wenigen Stunden abgeschlossen ist.
Für die Küken aber ist es echte Schwerstarbeit. Mit dem Eizahn, einem kleinen Schnabelaufsatz, der sich zu diesem Zweck bildet, muß es von innen gegen die Schale pochen und diese schließlich zum Bersten bringen. Mit kräftigen Bewegungen stemmen sich die Kleinen dann aus der Schale. Nach dieser ersten großen Anstrengung ihres Lebens werden sie im wärmenden Gefieder des Weibchens getrocknet. Ist der wollige Dunenpelz trocken, klettern sie schon nach wenigen Stunden auf dem

Oben: Die Lage eines Embryos im Ei.
Mitte: Kleine Brutmaschine.
Links: Mit dem Eizahn schlägt das Küken die Schale auf.

Nachdem sich das Küken aus der Eierschale gestemmt hat, ruht es erschöpft aus.
Gegenüberliegende Seite: Auf dem Rücken der Mutter fühlen sich die Kleinen geborgen.

Nestrand umher. Sind alle Küken gesund und vollzählig, werden sie von den Altschwänen zu Wasser geführt. Der kleine Eizahn fällt nach etwa zwei Tagen vom Oberschnabel der Küken ab.

Die Schwanenküken bleiben in der ersten Zeit nahe bei der Mutter. Aber wie alle anderen Nestflüchter suchen sie schon selbständig Nahrung.

Die Altvögel rupfen vom Ufer zarte Pflanzen oder holen Nahrung mit dem Schnabel vom Grund hoch und legen sie den Kleinen vor. Eine andere Methode, den Jungen Nahrung zu beschaffen, ist das Wassertreten. Ähnlich wie bei den Hühnervögeln, die den Boden aufscharren, die Küken locken und sie auf die Nahrungsteilchen hinweisen, tritt die Schwänin im Wasser auf der Stelle und wühlt mit ihren großen Schwimmfüßen die Schlammfläche auf beziehungsweise hoch. So werden für die Küken nicht zu erreichende Pflanzenteilchen und auch kleine Insekten an die Wasseroberfläche gespült, die dann aufgenommen werden können.

Werden die Kleinen müde, klettern sie auf das Weibchen und lassen sich so, gut gewärmt und von den Schwingen abgedeckt und gehalten, von der Mutter huckepack auf dem Wasser umherfahren. Durch seitliches Anstoßen mit dem Schnabel und Einkuscheln des Kopfes ins Seitengefieder der Mutter, aber auch stimmlich, signalisieren die Jungen, daß sie auf den

Rücken genommen werden möchten. Meist klettern die Küken über den Oberschenkel der schwimmenden Schwänin. Es kommt aber auch vor, daß das Weibchen seinen Stoß flacher zum Wasser absenkt, damit die Jungen ihren Rücken erklimmen können. Wenn die gesamte Kükenschar auf der Mutter sitzt, ist sie so weit unter den Schwingen verborgen, daß man meinen könnte, die Schwänin hätte ihre Jungen verloren.
Auch bei Gefahr, nach einem Warnlaut der Eltern, flüchten sich die Küken in der ersten Zeit gern auf den Rücken der Mutter. Die männlichen Schwäne reagieren auf solche Versuche der Jungen meist überhaupt nicht oder deutlich abweisend.

Ein Weibchen beim Wassertreten. So spült sie kleinste Nahrungsteilchen für die Küken hoch.

Normalerweise sind die Küken im Dunenkleid grau und haben einen dunklen Schnabel. Es kommt aber, erblich bedingt, auch vor, daß die Jungtiere sofort fast weiß sind. Sind normalfarbene graue Küken und helle Junge in einem Schoof, kann es vorkommen, daß die Altvögel, in erster Linie die Männchen, nach wenigen Tagen oder auch erst nach Wochen die hellen Jungtiere abbeißen oder töten.
Eine eindeutige Erklärung für das Verhalten von Männchen gegenüber den eigenen helleren Jungen gibt es nicht.
Die für diese Abweichung verantwortliche Erbanlage der »Immutabilis-Variante« tragen wohl alle Höckerschwäne. Es handelt sich dabei nicht um eine Geschlechterfärbung, wie fälschlicherweise oft angenommen wird, daß zum Beispiel die männlichen Jungen hell und die weiblichen dunkel sind oder umgekehrt. Dunkle und helle Küken sind auch meist gleich groß und kräftig. Sind nur helle Küken geschlüpft, haben auch beide Elternteile meist fleischfarbene Füße.
In der Regel wachsen die Jungen im Schutz der aufmerksamen Eltern wohlbehütet auf. Es drohen ihnen aber dennoch vielfältige Gefahren. Bei

Ein helles Jungtier der »Immutabilis-Variante« und zwei normale dunkle Tiere.

anhaltender kühler und nasser Witterung kann es in den ersten Lebenstagen zu einer Unterkühlung kommen, die Magen- und Darmentzündungen zur Folge hat. Hier vermindern die in die Gewässer eingeleiteten Schadstoffe zusätzlich die Überlebensdauer der Jungen. Die ständigen, auch leichten Gewässerverschmutzungen, die dem Federnkahn der erwachsenen Vögel nichts mehr anhaben können, verklammen das empfindliche, feine Dunenkleid der Küken und wirken oft tödlich.
Wegen der großen Wachsamkeit der Eltern werden Wanderratten, wie immer wieder pauschal behauptet wird, den Küken kaum gefährlich. Die Jungen müssen schon schwer erkrankt sein und sich von der Familie abgesondert haben, um Beute dieser Nager zu werden. Kranke Küken verhalten sich apathisch und verändern auch ihre Stimme. Erst in einem solchen Zustand werden sie von ihren Eltern nicht mehr geschützt. Sie gelten dann als nicht mehr zur Familie gehörend. Selbst von den eigenen Geschwistern werden kränkelnde Jungtiere abgebissen.
Mehrfach wurde beobachtet, daß große Hechte Küken in den ersten Lebenstagen abschluckten. Auf solche Unterwasserangriffe können die

Solche Gewässerverschmutzungen sind nicht nur für Schwäne gefährlich.

Altvögel nicht reagieren. Aufgeregt kreisend, drehen sie sich dann auf der Wasseroberfläche, tauchen den Kopf immer wieder suchend unter die Wasseroberfläche, ohne daß sie die Gefahr richtig einordnen können.
Auch durch wildernde Hunde kommt es in den Grün- und Erholungsanlagen gelegentlich zu Verletzungen und Todesfällen. Die meisten Hundehalter denken – als echte Tierfreunde – zwar nicht nur an ihren Hund und nehmen auf andere Tiere Rücksicht, doch es gibt leider auch viele gedankenlose Hundebesitzer. Gewöhnt an wohlerzogene und somit harmlos vorbeilaufende Hunde, erkennen die friedlich grasenden Jungen einen plötzlich angreifenden Hund nicht rechtzeitig und schaffen die Flucht ins schützende Wasser nicht mehr. Die zur Verteidigung der Jungen eingreifenden Elternvögel kommen in solchen Situationen leider meist zu spät.

Oft werden mit den Küken weite Fußmärsche zurückgelegt, die für die Kleinen durchaus gefahrvoll sein können.

Eine weitere Gefahr sind Krähen. Durch die Unsitte, brütende Schwäne auf dem Nest zu füttern, werden sie angelockt und von den Schwänen nach einer gewissen Zeit – wegen des Gewöhnungseffekts – nicht mehr intensiv genug vertrieben. Während der 36tägigen Brutzeit der Schwäne schnappen sich die Krähen zunächst auch nur die Brothappen vom Nestrand und verschwinden wieder. Sind die Küken aber geschlüpft, getrocknet und wagen sich erstmals vom Nestrand, greifen sich die Krähen auch diese leichte Beute. Mit den Fängen schlagen sie das Küken vom Nestrand und sind, ehe die Schwänin richtig reagieren kann, sofort mit ihnen im nächsten Baum. Dort werden sie dann getötet und gefressen. Da eine der Krähen die Altvögel bei dieser Aktion geschickt ablenkt, ist diese Methode – auch bei Enten und Gänsen – oft erfolgreich.

Warum einzelne Paare, nach erfolgreicher Brut, mit ihren wenige Tage alten Küken kilometerlange, gefahrvolle Fußmärsche unternehmen, ist immer noch unbekannt. Dabei überqueren sie Landstraßen und selbst Autobahnen, um an ein anderes Gewässer zu gelangen.

Dabei scheinen die verlassenen Gewässer mit ihren Ruhezonen und ihrem natürlichen Nahrungsangebot oft nach menschlichen Vorstellungen

Die sich neu bildenden Federn der Arm- und Handschwingen stecken noch in den Blutkielen.

Schwan in der Mauser. In diesem Zustand ist er kampfunfähig.

bedeutend besser geeignet als das neue. Bei diesen Wanderungen gehen häufig einzelne Küken verloren.
Etwa Mitte Juli, wenn die Jungen schon die ersten Federn bekommen, beginnt das Weibchen mit der Mauser. Wenn sie durchgemausert hat, mausert das Männchen. Diese Abfolge gewährleistet, daß immer einer der Altvögel unbehindert die Familie verteidigen kann. Dieses Mauserverhalten ist nur bei Junge führenden Paaren zu beobachten. Wie bei allen Enten- und Gänsevögeln handelt es sich um eine sogenannte Sturzmauser. In kurzer Zeit – innerhalb von ein bis zwei Tagen – werden alle Federn der großen Hand-, Arm- und Oberarmschwingen abgeworfen. Die Vögel sind dann total flugunfähig. Nach etwa acht Tagen zeigen sich schon die ersten Blutkiele der neu wachsenden Federn. Bei einer Länge der Handschwingen von 45 Zentimetern und einem täglichen Wachstum von etwa

neun Millimetern dauert es ungefähr sechs Wochen, bis die Flugfähigkeit wieder erreicht wird. Die Mauser ist auch die einzige Zeit, in der die Altvögel mit den Jungen spielerisch tauchen können. Durchgemausert macht ihnen der perfekte Federnkahn das Tauchen fast unmöglich.

Unverpaarte männliche und weibliche Schwäne mausern verteilt über die Sommermonate. Andere Vogelarten verlieren in der Regel nur Einzelfedern. Wenn die Lücke in den Schwingen ersetzt ist, wird die nächste Feder gemausert. Somit bleiben sie ganzjährig flugfähig.

Meist ist um die Mittagszeit Baden und Putzen angesagt, wobei die Küken auch spielerisch tauchen.

Wenn es während der Mauser zu Krankheiten oder auch Ölunfällen kommt, zeichnet sich das deutlich im Federnwachstum ab. Es gibt nicht nur Lücken in der Federstruktur, sondern die Tiere bleiben teilweise in der Mauser stecken. Die Federn wachsen nicht voll durch. Ein Zeichen für die starke körperliche Belastung während dieser Zeit.

Etwa im September, wenn die Altvögel durchgemausert sind, beginnen die jetzt fast ausgewachsenen Jungvögel spielerisch mit den ersten Flugübungen. Zunächst laufen sie in der täglich abgehaltenen Putz- und Badestunde auf ihren großen Füßen mit ausgebreiteten Schwingen kurze Strecken über die Wasseroberfläche. Bei den täglichen Übungen heben sie sich auf den immer länger werdenden Strecken allmählich vom Wasser ab. Das Landen auf dem Wasser wird auch immer sicherer und endet nicht mehr mit den anfangs üblichen Purzelbäumchen. An diesen Flugübungen nehmen auch die Altvögel teil. Und irgendwann unternimmt dann der ganze Familienverband längere Rundflüge über dem Wasser.
Bei den ersten Flügen nach der Mauser kommt es bei Jung- und Altvögeln zu den abenteuerlichsten Notlandungen. Meist reichen die Kräfte noch nicht aus, die Schwingen sind noch zu schwer, weil die Federn noch nicht voll ausgewachsen sind. Oder die Jungtiere bekommen plötzlich Angst, weil sie die Orientierung verloren haben.

Ein zum Herbst ausgewachsener Jungschwan bei seinen ersten Startversuchen.

Männchenpaare und andere außergewöhnliche Verhaltensweisen

Abweichend vom normalen Paarungsverhalten, kommt es gelegentlich zur Bildung von sogenannten Männchenpaaren. Diese Beobachtung wurde bei allen Entenvögeln, zu denen auch die Schwäne zählen, gemacht. Solche Vögel leben – zumindest eine Zeitlang – wie normale Paare zusammen. Da ein Vogel die weibliche Rolle übernimmt, kommt es zur Kopulation und zum Nestbau. Meine Versuche, über solche Paare die Brutfähigkeit der männlichen Schwäne nachzuweisen, verliefen immer negativ. Ich legte ihnen Eier zur Bebrütung unter, und die wurden von dem »weiblichen Schwan« mit hauchenden Lauten und vorsichtigem

Diesem Männchenpaar wurden zu Versuchszwecken Eier untergeschoben.

Betasten mit dem Schnabel auch freudig begrüßt. Der Vogel setzte sich sogar auf die Eier, wendete sie aber nie. So versanken sie schon nach zwei Tagen im Nistmaterial und schauten nur noch knapp hervor. Es gab bei diesen Männchenpaaren auch keine Brutablösung. Nach etwa 14 Tagen wurden die »Weibchen« unruhig und verließen die nassen und kalten Eier. In keinem dieser Versuche waren die Eier angebrütet.
Spätere Umpaarungen zu weiblichen Schwänen sind möglich. Einen Fall von Umpaarung konnte ich genau verfolgen.
Zwei starke Männchen taten sich zusammen und bildeten ein Paar. Es kam im Winter laufend zu zärtlichen Begrüßungen mit dem üblichen Wenden und Aneinanderreiben der Köpfe und dem Putzen des Seitengefieders. Zum Frühjahr steigerte sich bei beiden Tieren die Kopulationsbereitschaft. Es kam intensiver zu der schon geschilderten normalen Paarungseinleitung. In höchster Erregung versuchte nun jedes der Männchen das andere zu besteigen. Dabei verkeilten sie sich mit den Hälsen und schlugen heftig aufeinander ein. Nach einiger Zeit intensiven Schlagabtausches beruhigten sich die Vögel wieder. Sie kehrten zu den üblichen Zärtlich-

Zwei Männchen bei dem vergeblichen Versuch, sich zu paaren.

keiten zurück und badeten abschließend. Dieser Ablauf wiederholte sich bei jedem Kopulationsversuch. Es wurde ein Revier besetzt und verteidigt und auch eine Art Nest gebaut.
Das stärkere dieser Männchen paarte sich im nächsten Winter mit einem Weibchen. Dabei wurde es aber immer wieder von dem anderen Männchen bedrängt. Trotz steter Vertreibungsversuche blieb das abgewiesene Tier in der Nähe, und als das Paar zum Nestbau und zur Eiablage in das vorjährig genutzte Revier kam, ließ sich das zweite Männchen nur noch bedingt vertreiben. Es blieb hartnäckig im Bereich des ehemaligen Partners, wobei es aber zu keiner körperlichen Annäherung kam. Der Abstand zwischen beiden Männchen lag konstant bei etwa sechs Metern. Als die Jungen schlüpften und ausgeführt wurden, blieb das zweite Männchen immer in der Nähe des Paares. Es beteiligte sich sogar aktiv an der Verteidigung des Reviers und der Jungen. So blieb es bis zum Winter. Im nächsten Frühjahr war das Paar allein im Revier.

Eine etwas ungewöhnliche Familie: Der ehemalige männliche Partner des Schwans kümmert sich nach erfolglosen Versuchen, die Umpaarung zu verhindern, ebenfalls um den Schutz des Weibchens und der Jungen.

Vor einiger Zeit konnte ich den Revierkampf zweier Alsterschwäne beobachten, in dessen Verlauf das unterlegene Männchen getötet wurde. Die »Witwe« brütete in einem Vorgarten, getarnt von Buschwerk und Weidengeflecht, unentdeckt weiter. Nach etwa 14 Tagen waren vier Junge geschlüpft. Sie wurden gut eine Woche von der Mutter in einem etwa 20 Quadratmeter großen versteckten Nebenarm des Gewässers behütet. Als sich das Weibchen aber mit den Jungen auf die freie Wasserfläche hinauswagte, entdeckte sie das siegreiche Männchen und griff die Schwänin mit den Jungen an. Die Schwanenmutter versuchte mit ihnen zu fliehen, doch das Männchen hatte die schutzlosen Küken bald eingeholt. Es stürmte an

Das Weibchen hat die vier fremden Jungen als »Adoptivkinder« akzeptiert und führt nun neun Küken.

den Jungen vorbei und verfolgte die Schwänin so lange, bis sie sich in einem Kanalbogen seinem Blick entziehen konnte. Nun erst gab das Männchen die Verfolgung auf und schwamm den laut piependen fremden Jungen entgegen. Es zeigte sich den Küken durchaus wohlgesonnen, was an seinen Lauten und seinen Halsbewegungen deutlich zu erkennen war. Die Jungen schlossen sich dem Männchen an, das nun seiner Partnerin, die fünf eigene Küken mit sich führte und ihm die ganze Zeit gefolgt war, entgegenschwamm. Während sich die beiden alten Schwäne begrüßten, verbanden sich die beiden Gruppen von Küken, so daß dieses Paar plötzlich neun Junge führte. Äußerlich waren sie, mit einem Altersunterschied von nur zwei Tagen, wohl selbst für die alten Schwäne nicht zu unterscheiden. Von diesen neun Jungen wurden sechs großgezogen, die anderen drei sind im Laufe des Sommers gestorben.

Die »Witwe« kehrte im nächsten Frühjahr mit einem neuen Partner zu ihrem vorjährigen Brutplatz zurück. Das Nest wurde genau an derselben Stelle wie in den Vorjahren errichtet. Die Schwänin legte sieben Eier und bebrütete sie normal. Es schlüpften vier Junge, die restlichen drei Eier waren faul. Am Nachmittag des nächsten Tages wurden die Jungen zum erstenmal aufs Wasser geführt. Das Männchen, das sich bisher ruhig und normal benommen hatte, änderte sein Verhalten nun radikal. Es begrüßte die Schwänin sehr freudig, beachtete die Jungen aber kaum. Es hatte nur für seine Partnerin Interesse und überhäufte sie förmlich mit Zärtlichkeiten. Die Schwänin erlag auch bald seinem stürmischen Drängen, und es kam nach der üblichen Paarungseinleitung zur Begattung. Die Schwänin kümmerte sich danach kaum noch um die Jungen und machte einen sehr nervösen Eindruck. Sie schwamm unruhig mit dem Männchen umher, hier und da hastig gründelnd. Oft schwammen die Jungen über 20 Meter entfernt hinter ihren Eltern her, oder sie drängten sich irgendwo alle zusammen und verhielten sich ruhig. Wenn eines der Jungen laut zu piepen anfing, antwortete die Mutter mit kurzen »bellenden« Lauten, woraufhin die Jungen versuchten, wieder zu ihr zu gelangen.

Das Weibchen wurde meiner Meinung nach zwischen der aufdringlichen Liebe des Männchens und ihrem Mutterinstinkt hin- und hergerissen. Eines Morgens fehlten drei Junge, von denen ich nur eines tot fand. Das letzte Junge schwamm ziellos auf dem Wasser umher und änderte seine Richtung nur, wenn es Laute seiner Mutter vernahm. Im Laufe dieses

Tages kamen die Schwäne dreimal zur Begattung. Da ich mir nicht erklären konnte, warum das Junge seine Richtung nur änderte, wenn es Laute seiner Mutter vernahm, beobachtete ich es schärfer. Wahrscheinlich konnte es nicht mehr sehen, weil seine Augen feucht und verklebt waren. In der kommenden Nacht starb der junge Vogel. Die beiden toten Jungen brachte ich in unsere Veterinäruntersuchungsanstalt. Sie waren an einer Darmentzündung gestorben, die sicher durch die mangelnde Pflege und Wärme entstanden war. Ein solch außergewöhnliches Verhalten bei einem Schwanenpaar habe ich nie wieder beobachten können. Das beschriebene Paar verhielt sich in den folgenden Jahren im übrigen wieder völlig normal.

Statt seine Jungen nach der Brut zu führen, vernachlässigt dieses Paar seine Küken und ist nur mit sich selbst beschäftigt.

Die Suche nach einem geeigneten Winterquartier

Die Binnen Alster in Hamburg im Winter; Aussicht am Jungfernstiege.

Als Winterquartier wurde nach dem Zweiten Weltkrieg zunächst die alte Hohenfelder Bucht, seit 1876 als Schwanenbucht bekannt, wiederhergerichtet. In den Sommermonaten wurde sie als Löschplatz genutzt. Die Vögel hatten hier auf einer kleinen Wiese nur wenig Auslauf. Hauptsächlich stand ihnen für die notwendige Gefiederpflege ein großes Floß zur Verfügung, das in der Mitte der Bucht verankert war. Darauf konnten sich aber nicht alle Vögel gleichzeitig aufhalten. Außerdem wurde das Wasser nur über den Wellengang der Außenalster erneuert. Was problematisch war, weil das Becken durch die ungeklärten Abwässer der kleinen Gaststätte »Alsterschlößchen« belastet war.

Ab 1954 konnte die alte Schwanenbucht dann wegen der Umgestaltung der Straßenkreuzung Sechslingspforte nicht mehr als Winterquartier genutzt werden. Nun wurde zunächst der Eilbekkanal zum winterlichen Ausweichquartier für die Schwäne. Am Ende dieses Kanals befand sich der öffentliche Löschplatz Von-Essen-Straße. Unter der Brücke wurde der Kanal mit einem alten Ponton gesperrt. Oberhalb dienten zwei Baggerschuten als Absperrung. An der Löschplatzseite wurde ein Futtersteg gebaut, und gegenüber in der Grünanlage hatten die Vögel einen Auslauf. Damals wie heute gibt es verschiedene Gründe, weswegen einzelne Schwäne den Winter nicht überleben. Die schlimmste und höchste Erkrankungs- und Verlustrate hatten wir – für mich leider absehbar – in diesem Winterquartier. Die Abwässer des damaligen Klärwerks Farmsen

Gegenüberliegende Seite: Ein schöner Stich von Peter Suhr aus dem Jahre 1832. Bis zum Großen Brand von 1842 überwinterten die Schwäne in der Binnenalster.
Unten: Die nach dem Krieg wieder als Schwanenquartier genutzte Hohenfelder Bucht. Links: das Lokal „Alsterschlößchen“ mit der alten Hohenfelder Brücke, rechts: das in der Mitte der Bucht festgemachte große Floß.

flossen über den Kupferteich in die Wandse und dann über den Eilbekkanal in die Alster. An jedem Wehr – unterhalb des Kupferteiches – bildeten sich riesige Schaumberge, in denen sich ganze Lastzüge hätten verstecken können. Schon in den Sommermonaten hatte ich dort eine erhöhte Erkrankungs- und Todesrate festgestellt. Trotzdem wurde entschieden, das Winterquartier – zunächst als Provisorium gedacht – dort herzurichten.

Im Laufe des Winters verzeichneten wir dort 40 Todesfälle und eine sehr hohe Rate an kranken Tieren. Der absolut größte Teil war von Bakterien infiziert. Damit bestätigte sich, daß die mangelhaft gereinigten Abwässer

Das zugefrorene Winterquartier im Eilbekkanal. Nachts suchten die Schwäne das wärmere Strohlager auf.

des Klärwerkes für die Probleme verantwortlich waren. Woher sollten die Tiere in einem Fließgewässer sonst diese Bakterien aufnehmen?
Schon vorher waren die verschiedenen Todesursachen von unserer Veterinär-Untersuchungsanstalt festgestellt worden. Mit Hilfe der Tierärzte dieses Amtes wurde die Standortfrage für ein geeigneteres Quartier nun neu diskutiert.
Eine derart hohe Erkrankungs- und Todesrate wie in diesem Winter 1954 gab es nie mehr. Der ursprüngliche Plan, über Hamburg verteilt viele kleine Klärwerke zu unterhalten, wurde aufgegeben. Das große Klärwerk wurde gebaut. Seitdem gibt es im Eilbekkanal diese bakteriellen Erkran-

Mit dem Eisenboot und mit Eisforken mußte täglich eine neue eisfreie Wasserfläche geschaffen werden.

Der Löschplatz Am Hasenberge unterhalb der Fuhlsbüttler Schleuse. Das Dienstgebäude dieses Winterquartiers (links) war nur ein Provisorium. Leider mußte bei dieser Lösung der Alsterwanderweg an der Rückseite der Badeanstalt (rechts) im Winter gesperrt werden.

kungen nicht mehr. Für die Verschmutzung unserer Gewässer sind vor allem die Abwässer aus den Haushalten verantwortlich. Besonders nach Regenfällen öffnen sich – meist unter den Brücken – die Überlaufsiele und leiten die menschlichen Abwässer ein.

Nach weiteren Überlegungen und Planungen entschied man sich für den Löschplatz Am Hasenberge unterhalb der Fuhlsbüttler Schleuse als nächstes Winterquartier. Auf dem Löschplatz wurden Baubuden als provisorisches Dienstgebäude aufgestellt, es wurde ein Futtersteg gebaut, und quer über den Alsterlauf wurden Pontons zur Absperrung verankert. Der Wanderweg entlang der Badeanstalt diente den Tieren als Auslauf. Der große Vorteil war, daß hier über die Schleuse ständig Wasser von der Oberalster zufloß, das jede Eisbildung verhinderte. Die Nachteile waren der gesperrte Alsterlauf für den Bootsverkehr und der gesperrte Alsterwanderweg im Winterhalbjahr.

In diesen Jahren waren als Winterquartier die alte Schwanenbucht, der Kuhmühlenteich, der Feenteich, der Rondeelteich, der weitere Alsterlauf unterhalb der Fuhlsbüttler Schleuse und das Becken oberhalb der Schleuse im Gespräch. Bei der letzten Lösung hätte ich in das Schleusenhaus einziehen und nebenbei die Schleuse bedienen sollen. Auch die Außenalster

am Fährdamm war noch ernsthaft in der Diskussion. Dort sollte im Grünstreifen des Fährdammes ein Dienstgebäude mit Wohnung entstehen.
Da sich klar herausstellte, daß die alte Schwanenbucht wegen der Verkleinerung nicht mehr genutzt werden konnte, bot uns 1957 der Bezirksamtsleiter von Hamburg-Nord, Herr Braasch, mit seinem Baudirektor Herrn Neuling den Eppendorfer Mühlenteich als Winterquartier für die Wasservögel an. Da über die Tarpenbek ein ständiger Wasserzulauf bestand, sich das Winterquartier gut in die Landschaft einpaßte und die Vögel den notwendigen Auslauf hatten, war ich gleich einverstanden. Das Bezirksamt begann sofort mit der Einplanung des Winterquartieres und der Planung eines festen Gebäudes.
Im Zusammenhang mit der Frage des Dienstgebäudes wurde meine Tätigkeit von übergeordneten Behörden wie Organisationsamt, Zentralverwaltung, Rechnungshof usw. intensiv unter die Lupe genommen. Dabei kamen auch die Ziergeflügelhaltungen des Bezirksamtes Wandsbek, der Gartenbauabteilung Harburg, des Ohlsdorfer Friedhofes und des Botanischen Gartens zur Sprache. Deren teilweise sehr teuren exotischen Wasservögel waren »zur Entschlammung der Gewässer« angeschafft worden. Im Winter wurden die Tiere auf den eigenen Betriebsplätzen in

Gegenüberliegende Seite: Oben links: Die Baubuden am Eppendorfer Mühlenteich.
Oben rechts: Viele Jahre haben wir am Mühlenteich Ausstellungen veranstaltet.
Unten: Das jetzige Dienstgebäude am Mühlenteich.

Kasematten oder Baracken untergebracht, und das brachte Probleme. Harburg hielt die Vögel auf der Wiese neben dem Wohngebäude des Gartenmeisters am Marmstorfer Weg. Wandsbek überwinterte die Vögel zunächst in einem Gehege am Eichtalpark und später auf dem Betriebsplatz am Neumarkt. Damit nicht weiter jede Gartenbaubehörde eigene Tierhaltungen hatte, wurde die Besetzung der Gewässer mit Wasserwild zentral uns zugeordnet. Später überwinterten diese Tiere auch im Schwanenquartier.

Nach längerer Planung wurden im Haushalt 1962 die Gelder für ein festes Gebäude zur Verfügung gestellt. Doch wegen der verheerenden Flut, die Hamburg in diesem Jahre erlebte, wurden natürlich alle bewilligten Geldmittel gestrichen und vorrangig für den notwendigen Hochwasserschutz verwendet.

1969 kam durch einen Behördenvertreter dann plötzlich der Ringkanal als Winterquartier ins Gespräch, dieses stehende Gewässer sollte mit dem Wasser aus der Badeanstalt gespeist werden.

Obwohl sich alle beteiligten Vertreter der Fachbehörden auf den Mühlenteich geeinigt hatten, vergab dieser Beamte erst einmal in eigener Zuständigkeit unter dem alles und nichts sagenden Begriff »Verantwortung« den Auftrag für ein Gutachten zur Standortfrage. Dieses 66seitige Gutachten mit 44 Tabellen des ehemaligen Leiters des Hydrobiologischen Instituts Hamburg hat den Titel: »Untersuchungen über den biologischen Zustand von (I) Eppendorfer Mühlenteich und (II) Ringkanal Ohlsdorf im Hinblick auf die Möglichkeit einer Winterunterbringung der Alsterschwäne«.

Die Arbeit wurde im April 1970 abgeschlossen. Ich will hier nicht die vielschichtigen Analysen aufführen. Doch so viel sei gesagt: Das Gutachten sprach eindeutig gegen den Ringkanal und für den Eppendorfer Mühlenteich. In einem Absatz auf Seite neun heißt es wörtlich: »Zusammenfassend kann gesagt werden, daß die chemischen Werte den Teich als normal für ein Stadtgewässer kennzeichnen und daß durch Fäkaleintrag der Schwanenhaltung keine eine biologische Gefahr provozierende Wasserverschlechterung festzustellen war. Dieses Resultat wurde konstatiert trotz der langen Eisbedeckung des Teiches: bei dem verhinderten O_2-Zutrag durch die Atmosphäre ist bei der höheren O_2-Bindung des kalten Wassers und dem verlangsamten bakteriellen Abbau organischer Stoffe

WASSERWILD - HEGEAUSSTELLUNG
Wasserwild -
Hege-Ausstellung
13. u. 14. März 76

1976 wurde das Dienstgebäude durch Senator Dr. Biallas (Mitte) und Bezirksamtsleiter Weidemann (rechts) eingeweiht.

auch unter diesen Extrembedingungen keine bedenkliche Belastung des Gewässers vorhanden gewesen.«
Gestützt durch dieses Gutachten wurde das schon seit 1957 bestehende Winterquartier zur festen Einrichtung. Nun konnte mit neuen Planungen begonnen werden. Die inzwischen gemachten Entwürfe waren immer wieder verändert worden. Senator Rolf Biallas und Baudirektor Hans Timann sorgten dafür, daß die kleine, aber notwendige Dienststelle endlich verwirklicht wurde. Doch es dauerte trotzdem noch sechs Jahre, bis das Baubudensystem mit Petroleumlicht, Wasser aus dem Eimer und »Plumpsklo« der Vergangenheit angehörte. Am 1. Oktober 1976 konnte mit Bausenator Biallas und Bezirksamtsleiter Weidemann die Einweihung gefeiert werden.
Das Dienstgebäude hat einen Behandlungsraum mit zwei großen Waschbecken zur Behandlung verölter Vögel, einen Quarantäneraum mit Schwimmbecken und drei kleinere Quarantäneräume. Neben der Führung im Winterquartier mit seinen verschiedenen Vogelarten gibt es jetzt auch die Möglichkeit, mit einem Lichtbildvortrag über unsere Tätigkeit zu informieren.

Eine kleine Hamburger Attraktion: Das Einfangen der Schwäne im Herbst

Im November jeden Jahres, vor Beginn der Frostperiode, werden die Alsterschwäne eingefangen. Diese Aktion ist, abgesehen vom Fangen einiger Einzeltiere, in zwei Tagen abgeschlossen. Das Fangen selbst braucht dabei die wenigste Zeit. Der entscheidende Vorgang ist das vorsichtige Treiben.

Mit Booten werden die Schwäne zusammengehalten.

Ausgebrochene Einzeltiere werden mit dem Fangstock eingefangen. Gegenüberliegende Seite: Die gebundenen Schwäne werden in den mit Stroh ausgelegten Booten ins Winterquartier gefahren.

Mit Booten des Amts für Wasserwirtschaft werden die Schwäne von der Außenalster in die engeren Kanäle gedrückt. In einer Linie oder in einem kleinen Halbkreis werden sie mit den Booten vorsichtig getrieben. Der Abstand der Boote muß gleich sein, und es muß mit derselben Geschwindigkeit gefahren werden. Auf nervöse Vögel muß man besonders achten, damit sie bei Ausbruchversuchen nicht vorzeitig starten können und die anderen Tiere mitreißen. Einzelne Ausbrecher muß man aber tolerieren, um eine größere Gruppe weiter abriegeln zu können. Abriegeln bedeutet, daß sich alle treibenden Boote schnell quer zur bisherigen Fahrtrichtung legen und den Schwänen die Breitseite zeigen. Durch entsprechende Manöver muß die Treiberkette enger gezogen werden, bis die Tiere weiterschwimmen. So gelangen die größeren Gruppen oder Familienverbände in die Kanäle oder Schleusen, wo sie vollständig eingekesselt wer-

den. Die Boote werden dann eng gekoppelt, so daß die Schwäne fast keine Fluchtmöglichkeit mehr haben.
Wenn möglich, greift man sie mit der Hand und zieht sie aus dem Wasser. Ansonsten werden sie – seit alters her – mit einem speziellen Fangstock herangezogen und aus dem Wasser gehoben. Dieser Fangstock hat an der einen Seite eine offene, aus starkem Draht bestehende spezielle Öse, in die der Hals der Tiere hineinpaßt, durch die der Kopf aber nicht durchrutschen kann. In den mit Stroh ausgelegten Booten werden den Vögeln die Flügel und Beine mit einem starken, aber nicht einschneidenden Band gebunden – zur Sicherheit der nebeneinanderliegenden Tiere, die sich sonst gegenseitig schlagen, beißen oder aufeinander herumtreten würden. Die gefangenen Vögel werden dann sofort ins Winterquartier gefahren. Jeder einzelne Schwan wird vor dem Aussetzen noch einmal durchgecheckt. Dann werden die ausgebrochenen Einzeltiere nach und nach gefangen und ins Winterquartier gebracht.
Das Einfangen der Schwäne, um sie in ein Winterquartier zu bringen, ist nicht nur eine jahrhundertealte Tradition, es ist zuallererst eine vorsorgliche, tierschützerische Maßnahme. Es geschieht, bevor die starken Fröste kommen. Im dünnen, nicht betretbaren Eis wären die großen Tiere schwer zu fangen, und zwischen den durch die Boote verursachten Eisschollen könnten sie Schaden nehmen. Verteilt über das ganze Stadtgebiet mit seinen zahlreichen Kanälen, können die Wasservögel die lebensnotwendigen Wasserlöcher nur mühsam selbst eisfrei halten. Menschliches Fehlverhalten, besonders von Hundehaltern, die es zulassen, daß ihre Lieblinge die Schwäne hetzen, schafft hier sofort Probleme. Viele Einsatzmeldungen von Polizei und Feuerwehr belegen diese. Werden sie aus den letzten Wasserlöchern getrieben, laufen oder fliegen die von Hunger geschwächten Wasservögel nach einer anderen Wasserfläche suchend umher.
Das Verhungernlassen von Tieren ist für mich keine natürliche Auslese, egal, ob es sich um Tiere einer sogenannten »populationsökologisch wertlosen Art« handelt oder nicht. Wir Menschen haben den Tieren ihren natürlichen Lebensraum genommen oder ihn drastisch verändert. Und theoretisch läßt sich mit ökologischen Spitzfindigkeiten vieles begründen – aber auch widerlegen. Kranke Tiere verenden mit Beginn der harten Jahreszeit sowieso.

Im offenen Gewässer des Winterquartiers leben sie geschützt, und viele Familienverbände anderer Wasservögel fallen zusätzlich ein. Selbst die unverträglichsten Tiere suchen im Winter die Gemeinschaft.

Wie bei anderen Vogelarten gibt es auch beim Höckerschwan den Standvogel, der das ganze Jahr im Revier bleibt, den Strichvogel, der kurzfristig das Revier verläßt, und den Zugvogel. Die nordischen Höckerschwäne und die östlichen Schwäne sind Zugvögel, da sie in der winterlichen Notzeit in ihrem Brutrevier keine Überlebenschancen hätten. Im Elbegebiet und im Stadtbereich tauchen auch Schwäne aus diesen Breiten auf.

Der im Winterhalbjahr für den Bootsverkehr gesperrte Eppendorfer Mühlenteich mit dem abgegrenzten Schwanenquartier.

In den letzten offenen Flächen der zufrierenden Gewässer sammeln sich die Wasservögel.

Besonders wetterfühlig zeigen sich die Singschwäne. Sobald sie hier einfallen, kann man mit Frost rechnen. Sie sind auch die ersten Vögel, die nach der Frostperiode unruhig werden und wieder abziehen.
In Hamburg lebt ein gemischter Bestand von flugunfähigen Tieren – die nach Unfällen, besonders mit Drahtleitungen, versteifte oder gebrochene Schwingen haben und teilweise amputiert werden mußten – mit den voll flugfähigen Tieren bis zum Frühjahr zusammen. Unter besonderen Umständen ist es notwendig, die Wasservögel eine bestimmte Zeit flugunfähig zu halten. In diesem Falle werden ihnen lediglich auf einer Flügelseite acht bis neun Federn der Handschwinge abgeschnitten. Der Vogel wird dadurch nicht verletzt. Es ist ein absolut schmerzloser Vorgang, wie bei uns Menschen das Schneiden der Fingernägel. Nach der Mauser sind die Vögel wieder voll flugfähig.

Frieren auch die Fließgewässer zu, fliegen die Tiere in das Gehege, wo eine Unterwasserpumpe eine große Wasserfläche ständig eisfrei hält.

Früher – bis zum Jahr 1972 – wurde in der Frostperiode durch schaukelnde Bewegungen mit einem Eisenboot ein künstlicher Wellengang erzeugt und so das sich immer wieder neu bildende dünne Eis gebrochen. Größere Eisschollen wurden mit dem Pekhaken unter das Eis geschoben oder, wenn sie noch nicht zu schwer waren, auf das Eis gezogen. Die kleineren Eisstücke wurden mit Eisforken herausgeschaufelt.
Wenn das Eis dicker wurde und sich mit dieser Methode keine freie Wasserfläche mehr schaffen ließ, kam die Eissäge zum Einsatz. Mit dieser grob gezahnten Säge wurden große Eisschollen von etwa zwei mal fünf Metern aus dem Eis herausgeschnitten, die möglichst unter die Eisdecke geschoben wurden. War dies aus Platzgründen nicht mehr möglich, wurden sie, in kleinere Schollen von ein bis zwei Quadratmetern gesägt, aufs Eis gezogen und dort gelagert.
Diese Methode brachte zwangsläufig enorme Störungen für die Tiere mit sich, so daß empfindliche Vogelarten nicht ins Winterquartier flogen, sondern nur Tiere, die diesen Betrieb kannten. Über Nacht fror die am Tage mühsam eisfrei gehaltene Wasserfläche jedesmal wieder zu.

Endlich, am 22. Dezember 1972, bekamen wir einen Stromanschluß, und ich hielt dann zunächst mit einem Elektromotor und einer Schiffsschraube eine kleinere Wasserfläche Tag und Nacht eisfrei. Aber den richtigen Durchbruch brachten die elektrischen Unterwasserpumpen. Nach ersten erfolgreichen Versuchen baute ich diese zunächst fest in ein Holzgestänge ein. Eine Unterwasserpumpe wirkt wie eine künstliche Quelle und hält durch die Bewegung, die sie verursacht, die Wasserfläche eisfrei. Die heute eingesetzte, geräuscharme Pumpe ist in einem eisernen Führungsgestänge untergebracht und arbeitet mit leicht veränderter Düse bedeutend kostengünstiger und ist von keiner Außentemperatur abhängig. Sie kann nach Bedarf angehoben oder abgesenkt werden, um die jeweils nötige Quellbewegung zu erzeugen, auch die Strömungsrichtung kann bestimmt werden. Heute verleben die Vögel den Winter in ihrem Quartier störungsfrei, es gibt keine Bootsbewegung und kein Eishacken mehr. Viele empfindliche Wasservogelarten fallen nun zu jeder Tages- und Nachtzeit ein und verbringen die Frostperiode im Hamburger Winterquartier.

Gegenüberliegende Seite: Oben: Vor dem Stromanschluß mußte die zugefrorene Wasserfläche jeden Tag durch schaukelnde Bewegungen mit dem Boot neu aufgebrochen werden. Unten links: Die Unterwasserpumpe – in den Sommermonaten kann sie auch zur Sauerstoffanreicherung der Gewässer genutzt werden. Unten rechts: Wie eine künstliche Quelle sprudelt die Pumpe das wärmere Wasser nach oben.

Hunderte von Reiherenten und anderen Wasserwildarten sammeln sich auf den eisfreien Flächen des Winterquartiers.

Während die Alsterschwäne im Winterquartier mit der lebensnotwendigen Wasserfläche, einem eventuell notwendigen Strohlager und bei regelmäßiger Fütterung, bestehend aus gequetschtem Weizen, Gerste und Hafer, die kalte Jahreszeit im allgemeinen gut überstehen, fordern lang anhaltende Frostperioden bei den Wildschwänen hohe Verluste. In erster Linie sind die noch nicht einmal einjährigen Jungvögel gefährdet. Besonders für die elternlosen Jungen ist der erste Winter ihres Lebens nicht selten tödlich. Hungernd und nach Wasser suchend, taumeln sie nach zwei bis drei Wochen geschwächt über die zugefrorenen Gewässer. Und je mehr sie an Kraft verlieren, desto weniger bewegen sie sich in der beißenden Kälte. Total abgemagert, liegen sie meist in Schlafhaltung verendet auf dem Eis.

Auch ältere und kranke Schwäne überstehen die winterliche Notzeit nicht. Sie sondern sich von den anderen Schwänen ab und versuchen, sofern sie es noch schaffen, sich in Schilfgürteln oder Nebenarmen von Gewässern zu verkriechen. Deshalb werden tote Vögel auch selten beob-

Besonders wenn sie ohne elterliche Führung sind, haben Jungtiere im Winter kaum eine Überlebenschance.

achtet oder gefunden. Die natürlichen Beutegreifer verwerten solche Kadaver dann auf ihre Art.
Normalerweise verharren die Schwäne im Familienverband oder in größeren Gruppen in Schlafhaltung auf dem Eis. Dabei lassen sie sich auch vollkommen einschneien. Der Laie glaubt ein ganzes Feld toter Schwäne vor sich zu sehen. Einige Tiere bleiben aber immer hellwach, auch mit im Gefieder steckenden Schnäbeln. Sie beobachten auch in extremen Situationen weiter die Umgebung. Nur bei starkem Schneesturm wird zeitweilig der Kopf gänzlich ins wärmende Gefieder gesteckt. Erst wenn der Schneesturm nachläßt, nach vielen Stunden und oftmals nach Tagen, bewegen sie sich wieder und suchen offenes Wasser.
Ein gesunder Schwan mit einem normal gepflegten Gefieder friert auf dem Eis nicht fest. Er steckt zusätzlich seine Beine in die wärmenden Flügeltaschen. So eingepackt, kann die Kälte ihm nichts anhaben. Nur im Bereich des Afters ist über Nacht ein leichtes Anfrieren möglich. Der Verlust kleiner Federn wird aber nicht zum Problem.
Besonders Jungtiere machen bei stärkerer Kälte häufig einen gravieren-

Bei starkem Frost liegen die Schwäne in Schlafhaltung auf dem Eis. Dabei wird das Umfeld trotzdem sehr genau beobachtet.

Schnabelvereisungen können sich zu einer schweren Last entwickeln. Glücklicherweise kommen sie nur selten vor.

den Fehler. Aus dem Wasser kommend, setzen sie sich, ohne das Gefieder ausreichend zu ordnen und zu putzen, sofort aufs Eis – und frieren garantiert fest. Nur unter größten Anstrengungen und dem Verlust vieler Federn können sie sich mit blutig geschlagenen Handschwingen vom Eis lösen.

Dort, wo Schwäne über Nacht geruht haben, bilden sich in Eis und Schnee richtige Lagerwannen. An ihnen läßt sich gut erkennen, daß sie sich fast immer der Windrichtung angepaßt haben, damit er ihnen nicht ins Gefieder blies. Die ausgerissenen Bauchfedern und blutigen Stellen neben solchen Lagerwannen zeigen, ob und wie ein Vogel über Nacht festsaß. Ist ein Schwan durch Krankheit geschwächt oder ist seine Gefie-

derstruktur durch äußere Einflüsse beschädigt – etwa durch chemische Abwässer, Öl usw. –, saugt sich sein Gefieder voll Wasser. Auf dem gesamten Gefieder bilden sich immer größer und schwerer werdende Eisklumpen, von denen er sich selbst nicht mehr befreien kann. Je intensiver diese Vögel, im Wasser badend und sich putzend, versuchen die Eisklumpen loszuwerden, um so größer werden diese. Mit so einem enormen Eisgewicht am Körper sind sie weder bewegungs- noch schwimmfähig.
Erfrierungen an den Schwimmhäuten wurden seltener festgestellt. Bei so geschädigten Tieren faulten die Schwimmhäute und auch Zehen ab. Bei länger anhaltenden, starken Frostperioden kommt es bei einzelnen, gesunden Tieren zu starken Schnabelvereisungen. Diese Vögel tragen dann um den Schnabel einen starken Eisklumpen mit sich. Je stärker sie, aufgrund von Atembeschwerden und wegen des behindernden Gewichtes, versuchen diesen Panzer durch Eintauchen ins Wasser abzulösen, desto größer wird dieser. Bei jedem Herausziehen aus dem Wasser gefriert sofort die neue Wasserschicht. Bei einigen Tieren sind Eispanzer von der

Durch die Körperwärme schmelzen – während der Nachtruhe – kleine Lagerwannen in das Eis. Dabei können die Randfedern leicht anfrieren und reißen dann beim Aufstehen aus.

Kann ein Schwan – aufgrund einer Krankheit oder aus Erschöpfung – sein Federkleid nicht in Ordnung halten, kommt es zu einer Vereisung des Gefieders.

Unerfahrene Jungtiere, die sich nach dem täglichen Bad, ohne das Gefieder ordentlich zu putzen, gleich aufs Eis setzen, frieren leicht fest.

Größe einer Ein-Liter-Milchflasche festgestellt worden. Diese Schwäne sondern sich von ihrer Zuggemeinschaft ab, so daß kleine Gruppen mit einer solchen Schnabellast zu beobachten sind.
Es ist unklar, weshalb einzelne Schwäne eine derartige Behinderung erleiden, andere Tiere desselben Fluges aber nicht. Besonders im Bereich der Unterelbe habe ich diese Beobachtung gemacht. Möglicherweise spielt der Standortwechsel der Vögel zwischen Süßwasser, Brackwasser und Salzwasser eine Rolle. Allerdings konnten auch bei nur im Süßwasser lebenden Schwänen vereinzelt Schnabelvereisungen festgestellt werden, wenn auch nicht in der beschriebenen Größe.
Da die sehr starken Frostperioden meist nicht lange anhalten, verlieren die Vögel den Eispanzer mit dem Anstieg der Temperaturen. Ein direkter Schaden an den Schnäbeln – Faulen von Gewebe u. ä. – konnte nicht festgestellt werden. Solche Schnabelvereisungen habe ich auch bei Sing- und Zwergschwänen beobachtet.

Gefahren des Großstadtlebens

Zurückhaltendes Füttern der Wasservögel ist in keinem Falle verboten oder schädlich. Bisher ist noch kein Gewässer durch Fütterungen »umgekippt«. Für junge Menschen ist es oft – meist noch in der Kinderkarre – der erste Kontakt zur Tierwelt und für ältere Personen später der einzige. Sinnlose Fütterungen, also sack- und plastiktütenweise Brot, alte Brötchen und andere Essensreste in die Gewässer werfen, haben nichts mit Tierliebe zu tun. Solche Auswüchse können zu unnötigen Gewässerbelastungen führen und sollten deshalb unterbunden werden. Das Füttern mit verschimmeltem Brot führt zu tödlichen Pilzerkrankungen.

Eine wirkliche Unsitte ist es, Tiere auf dem Nest zu füttern. Denn die Futterreste locken Ungeziefer an.

Es ist auch falsch verstandene Tierliebe, brütende Tiere auf den Nestern zu füttern. Die verbleibenden Futterreste werden in das Nest eingebaut und locken nur ungebetene Gäste an. Deshalb sollte überall darauf geachtet werden, daß keine Futterreste liegenbleiben. In der von uns Menschen geschaffenen Kulturlandschaft regelt sich nichts mehr von allein. Wir haben den natürlichen Lebensraum der Tiere total verändert.
Als die Alsterschiffe noch nach Fahrplan verkehrten, kam es an den Stegen häufiger zu Todesfällen. Die Schwäne gerieten, wenn sie von Passanten unüberlegt von den Anlegern gefüttert wurden, oft genug zwischen Schiff und Steg. Die den Schiffskörper schützende Walzschiene quetschte ihnen nicht selten den Kopf ab.
Dies war der Grund für den Paragraphen 10, Absatz 9 der Alsterordnung von 1929: »Es ist verboten: Die Schwäne zu belästigen oder sie von den Stegen der Fahrgastschiffe aus zu füttern.« Am 12. Juli 1979 wurde sie aufgehoben und durch das Hafengesetz ersetzt.

Schwäne von den Stegen aus zu füttern kann für die Tiere gefährlich werden, wenn es ihnen nicht gelingt, einem anlegenden Schiff schnell genug auszuweichen.

Auch andere »Tierfreunde« bedeuten für die Alsterschwäne Gefahr. Damit sind nicht die geprüften und verantwortungsbewußten Sportfischer gemeint. Unfälle können passieren. Aber in den Sommermonaten – besonders in der Ferienzeit – häufen sich die Einsatzmeldungen von Tieren mit verschluckten Angelhaken. Manchmal laufen bis zu fünf Meldungen dieser Art am Tag auf. Denn in dieser Zeit entdecken Erwachsene und besonders auch Kinder ihre »Sportfischerleidenschaft«, ohne irgendwelche Vorschriften zu beachten. Selbst Blinker werden zwischen die Tiere geworfen. Wenn die dann zur Verteidigung danach schnappen, hängen sie fest.

In den meisten Fällen handelt es sich um vermeidbare Tierquälerei. Vielfach werden die Geräte einfach ausgelegt und dann nicht mehr beaufsichtigt. Von verschiedenen Privatgrundstücken werden morgens die Angelschnüre ins Gewässer gesenkt, und abends wird dann nachgesehen, was sich vielleicht am Angelhaken befindet.

Die Alster wird – als freies Gewässer – an vielen Uferabschnitten von Leuten mit abenteuerlich gefertigten Fanggeräten regelrecht »umlagert«.

Meist ist es Unachtsamkeit, nur selten vorsätzliche Tierquälerei: Angelschnüre sind leider sehr häufig eine Gefahrenquelle für die Alsterschwäne.

Werden Blinker zwischen die Familien geworfen, beißen die Alten danach, um ihre Jungen zu verteidigen – und hängen fest.

Um Fische anzufüttern, werfen die Angler händeweise mit Brot durchknetetes Futter ins Wasser. Jeder hat da seine Spezialmischung. Das lockt natürlich auch die Vögel an. Es wäre leicht, die anschwimmenden Vögel zu vertreiben oder die Angel einmal kurz aus dem Wasser zu heben. Statt dessen sehen die »Naturfreunde« aber in vielen Fällen einfach zu, wie die Tiere durch die Schnüre schwimmen, sich darin verheddern oder auch den Köder aufnehmen.

Achtlos weggeworfene Angelschnüre sind für viele Tierarten eine tödliche Falle. Selbst Kleinvögel verfangen sich bei Aufnahme dieses vermeintlichen Nestbaumaterials in den nicht verrottenden Schnüren und verenden. In einigen Fällen kommt es zur direkten Amputation von Zehen, Beinen und Flügeln. Selbst Eisvögel und Eulen sind schon in von Bäumen herabhängenden, festgehakten Schnüren, die einfach abgerissen oder abgeschnitten wurden, verendet.

An entlegenen Stellen kommt es neben solchen Unfällen aus Gedankenlosigkeit gelegentlich zur gezielten Wilderei. Aus Angelutensilien werden die gemeinsten Fanggeräte gebaut. Angefangen von kurzen Schnüren mit Haken und geeignetem Köder, die versteckt an Büschen im Flachwasserbereich angebracht werden, bis zu Treibangeln und der Kippsteinmethode, die das betreffende Tier sofort unter Wasser zieht. An zehn bis zwanzig Meter langen sehr festen Schnüren werden kurze Schnüre – wie Aalschnüre – mit Haken angeknotet. Mit verschiedenen Ködern und unterschiedlichen Haken versehen, werden sie dann im flachen Wasser parallel zur Uferlinie, mit Steinen oder Bleigewichten beschwert, versenkt. Gründelnde Tiere – vom Teichhuhn über Ente, Gans, Möwe, Reiher oder Schwan – geraten an diese hinterhältigen Köder. Während die großen Vögel sich meist losreißen können, verharren die kleineren Tiere nach vergeblichen Fluchtversuchen erschöpft an der Uferzone. Hier werden sie dann von den Tierquälern abgeholt.

Werden umherstreifende Vögel mit verschluckten Angelhaken entdeckt, beginnt das Problem mit dem Einfangen. Die geschockten Vögel lassen sich natürlich nicht einfach greifen. Mit dem gutgemeinten Ausspruch »Das Tier muß doch wissen, daß Sie ihm helfen wollen« ist es nicht getan. Wenn dann noch vorher von unerfahrener Seite mit Wolldecken oder Kartons vergeblich versucht worden ist, die Tiere zu fangen, wird es immer schwieriger, weil die Fluchtdistanz natürlich immer größer wird.

Nur mit Tricks und entsprechender Geduld lassen sich diese jetzt äußerst vorsichtig gewordenen Vögel noch überlisten.
Die Entfernung der Angelhaken ist dann das nächste Problem. Wo sitzt der Haken, wie tief hat sich die Angelschnur eingeschnitten? Ist eine örtliche oder eine totale Betäubung notwendig? In einigen Fällen läßt sich der Haken im Hals nicht lokalisieren. Erst über eine Röntgenaufnahme ist der Sitz des Hakens feststellbar. In wenigen Fällen lassen sich die Haken nicht mehr entfernen. Die Wunden sind von der Größe des Hakens und der Stärke der Schnur abhängig. Je stärker die Schnur, um so heftiger kämpft das Tier bei seinen Befreiungsversuchen.
Im alten Waltershofer Hafenbecken wurden einmal von einem asiatischen Großtanker aus Schwäne geangelt. Die beiden an der Bordwand festhängenden Schwäne konnte ich mit Unterstützung der Wasserschutzpolizei noch rechtzeitig bergen. Die vielen anderen von Bord herabhängenden

In flachen Gewässern können Schwäne auch von Blutegeln befallen werden.

Angelschnüre, für die natürlich keiner zuständig war, wurden eingezogen.
Eine andere Gefährdung – auch in diesem Kontext – kommt durch die Bleivergiftung. Zusammen mit der zur Verdauung notwendigen Granulataufnahme werden unbeabsichtigt auch kleine Bleikugeln mit verschluckt. Diese Bleikugeln – Schrotkugeln und Angelblei – verbleiben, wie auch kleine Steinchen, lange Zeit und oder für immer im Muskelmagen. Durch den ständigen Abrieb gelangt dann langsam und unaufhaltsam das tödliche Gift in den Körper. Die Tiere werden ohne erkennbare Ursache matt und hinfällig. Der Tod ist unausweichlich. Erst die Sektion bringt Klarheit über dessen Ursache. Die erste Singschwanfamilie, die in Hamburg erfolgreich brütete, verlor ich – bis auf ein Jungtier – durch so eine heimtückische Bleivergiftung. Jedes der toten Tiere hatte bis zu 400 kleine Bleikugeln im Muskelmagen. Das Absuchen der Gründelzonen dieser Schwanenfamilie brachte dann die Erklärung. An einer Brücke fand ich nicht nur zahlreiche weitere Schrotkugeln und vergammelte Papphülsen,

Dieser Zwergtaucher hielt eine vereiste Straße für ein Gewässer und landete auf ihr. Da Lappentaucher wegen ihrer weit hinten angesetzten Beine nur schwer von Land starten können, werden sie dann leicht überfahren.

sondern auch Büchsenpatronen und verrostete Waffen. Bei Kriegsende muß jemand dort seine Munition im Schilfgürtel der Flachwasserzone versenkt haben. Die Papphülsen der Schrotpatronen waren natürlich aufgeweicht, und die Bleikügelchen lagerten im Boden.
Auch andere Verletzungsmöglichkeiten – ohne das unmittelbare Zutun von Menschen – sind leider zahlreich. Hauptsächlich während der Zugzeit verunglücken viele Vogelarten im Stadtgebiet.
Besonders bei nebligem Wetter werden die von den Straßenlampen beleuchteten, feuchten Asphaltstraßen von den Vögeln fälschlicherweise für Wasserflächen gehalten. Ehe die Tiere ihren Irrtum bemerken, sind sie schon gelandet und von einem Auto überrollt. Da sich manche Arten sowieso nur schwer vom Boden abheben können, wie beispielsweise die Lappentaucher, kommt es bei bestimmten Tierarten zeitweise zu hohen Verlusten. Die größeren Vögel, die den hellen Lampen ausweichen, prallen auch noch gegen die Peitschenmasten und stürzen ab.
Doch das schlimmste Hindernis für alle Großvögel sind die Überlandleitungen der Elektrizitätswerke. Da sie sich während des Fluges offensichtlich weniger nach vorn, sondern eher nach unten orientieren, erkennen sie die Drahtleitungen zu spät. Mit voller Wucht fliegen sie in die Stromleitungen und stürzen ab. Die meisten von ihnen tödlich, andere holen sich die unterschiedlichsten Knochenbrüche. Selten bleibt ein Vogel dabei unverletzt. Und auch wenn sie unversehrt bleiben, der Schock sitzt bei den Tieren teilweise so tief, daß sie tagelang nicht wagen, neu zu starten.
Bei starkem Wind geraten die Vögel in die unmöglichsten Situationen. Dann werden nicht nur Drahtleitungen gefährlich, sondern auch Schornsteine, hohe Bäume, Gebäude usw.
Nicht selten mußten Schwäne von den Dächern hoher Häuser, von Balkonen, aus Hinterhöfen und Lichtschächten befreit werden. In den Gemüseanbaugebieten stürzten sie durch die Scheiben in die Treibhäuser. Einmal mußte ich einen Schwan aus einem Schlafzimmer der obersten Etage eines Hauses holen, auch er war durch die Scheibe gestürzt.
Ein besonders dringender Einsatz wurde mir von der Binnenalster gemeldet. Bei nebligem Wetter flogen drei Schwäne von der Außenalster über die Lombardsbrücke zur Binnenalster. Dabei streiften zwei von ihnen die Kronen der hohen Bäume und stürzten ab. Ein Schwan wurde beobachtet, wie er, zu Fuß von der Straße kommend, in die Binnenalster sprang.

In der Dämmerung oder bei Nebel ziehen Gänse tief. Sie geraten dann leicht gegen die Peitschenmasten der Straßenbeleuchtung und stürzen ab.

Wegen der Stromleitungen und der hohen Bäume ist es bei nebligem Wetter für die Tiere gefährlich, die Lombardsbrücke zu überfliegen.

Den zweiten abgestürzten Schwan entdeckten die Mitarbeiter aus dem Büro eines hohen Hauses am Ballindamm in einer Baumkrone.
Der »Schwan« hänge mit ausgebreiteten Schwingen und herabhängendem Hals festgeklemmt oben in den Astgabeln. Wenn dieser Schwan abstürzen würde, fiele er in den starken Straßenverkehr. Vergeblich suchte ich Baum für Baum ab, fand aber nur ein zerschlissenes Bettlaken. Aus den Büros wurde mir immer wieder bedeutet, daß ich ständig an dem Schwan vorbeiliefe. Zwischenzeitlich kam auch die Feuerwehr mit einer Drehleiter und suchte vergeblich mit mir weiter.
Zwei Angestellte aus dem Bürohaus konnten überhaupt nicht verstehen, daß wir den Schwan in der Baumkrone nicht entdeckten. Sie kamen her-

unter und zeigten uns den Baum. Auch sie konnten sich davon überzeugen, daß dort nur ein zerschlissenes Bettlaken hing und kein Schwan, der hatte sich vermutlich ungesehen in die Alster geflüchtet.
Aus Desorientierung landen Schwäne auch auf größeren Straßen, Straßenkreuzungen, Autobahnen und sorgen dort für Verkehrsstaus und Aufregung. Gleisanlagen der U-, S- und Bundesbahn werden als Landeplatz gewählt – oft mit tödlichem Ausgang, da die schweren Züge kaum anhalten können.
Auch bei Gewittern kommt es häufig zu Todesfällen. Einzelne Schwäne werden auf der dann sehr stürmischen Alster vom Blitz getroffen. Auch fliegende Schwäne und Gänse, die hoch in den Wolken auf dem Flug

Auf Gleisanlagen gestürzte Schwäne können einen Lokführer schon mal zum Halten bringen.

Auch auf Autobahnen müssen Schwäne manchmal notlanden und bewirken so schon mal deren zeitweilige Sperrung.

in ihre Brutgebiete sind, stürzen nach Blitzschlag verletzt oder tödlich ab.
Nach starken Nordwestsürmen haben wir sehr viele verschiedene Patienten. Neben den bekannten Zugvögeln landen auch reine Hochseevögel hier, wie Baßtölpel, Lummen, Eissturmvögel, Wellenläufer usw.
Da es in der Nachkriegszeit kaum Transportmöglichkeiten gab – unserer Hauptabteilung stand lediglich eine Elektrokarre zur Verfügung –, habe ich die verletzten Tiere damals, der Not gehorchend, mit dem eigenen Fahrrad und einer selbsthergestellten großen Umhängetasche transportiert. Mit dieser Methode war mancher Schutzmann nicht einverstanden. Nach Jahren erhielt ich dann ein durch rote Markierung deutlich gekennzeichnetes Dienstfahrrad. Als Auflage bekam ich, damit auf keinen Fall Privatfahrten zu erledigen.
Auch mit der Straßenbahn oder der S-Bahn versuchte ich Schwäne, in der großen Tasche gut versteckt, zu transportieren. Hier gab es mit Fahrgästen und Schaffnern Diskussionen. Die Tiere haben nämlich die unangenehme Eigenschaft, in Gefahrensituationen Kot abzulassen, der nicht gerade angenehm riecht.
Bis 1958 wurde für größere Landtransporte gelegentlich von einer Baufirma ein TEMPO-Dreirad-Auto angemietet. Danach standen mir in den Abendstunden – nach Betriebsschluß der Behörde – ein Unimog und später ein Pritschenwagen zur Verfügung. Ab 1964 erledigte ich die Tageseinsätze mit meinem ersten VW Käfer, Baujahr 1952, in dem ich bis zu 13 gebundene Schwäne, in Plastiktüten verpackt, transportieren konnte.
Jahre später bekam ich dann für die zunehmenden Einsatzfahrten über die Fahrbereitschaft einen Dienstwagen gestellt, der mit verschiedenen Fanggeräten und Transportkisten ausgestattet war. Das vor dem Kriege für dienstliche Aufgaben eingesetzte Schwanenboot – ein wunderschönes Klinkerboot – lag während des Krieges und danach wegen Öl- und Spritmangels viele Jahre still. Da nach so vielen Jahren der Motor nicht ansprang, füllte ein »Experte« den Motor mit Äther. Es flog nicht nur der Motor auseinander, sondern das schöne Boot wurde an der Graskellerschleuse gleich mitversenkt. Für Einsatzfahrten auf der Alster bekam ich ein dienstliches Ruderboot gestellt. Dieses Boot war, wie damals üblich, von der Alsterpolizei vermessen und für vier Personen zugelassen. Da es aber kaum möglich war, mit einem schweren Ruderboot einen Schwan

Eine durch Blitzschlag abgestürzte Nonnengans, die gerettet werden konnte

Bei Nordweststürmen kommen häufig Meldungen über Hochseevögel, die in der Stadt notgelandet sind.
Von oben nach unten: Ein gänsegroßer Baßtölpel, ein Wellenläufer mit der typischen Röhrennase und ein Seetaucher.

einzuholen und auch noch gleichzeitig zu greifen, beschaffte ich mir privat einen kleinen Ilo-Motor. Dieser Motor wurde mir später von der Behörde abgekauft, und auch der Brennstoff wurde geliefert. 1958 wurde mir dann endlich das dringend erforderliche kleine Motorboot mit Eisenrumpf und Dieselmotor bewilligt.
Bis 1976, der Fertigstellung unserer Hegestation, war ich in den Sommermonaten mit meinem Boot an der Alsterwache der Wasserschutzpolizei stationiert.

Erkrankungen

Natürlich bleibt unser Wasserwild auch von Erkrankungen nicht verschont. In den meisten Fällen handelt es sich dabei um Magen- und Darmentzündungen.
1982 wurden in den Schlickwatten der Elbe massenhaft verendete Wildenten und Watvögel gefunden, die an Botulismus, einer bakteriellen Vergiftung, gestorben waren. Diese gefährliche, zu Lähmungen führende und fast immer tödlich verlaufende Erkrankung kannten wir auf der Alster bis 1983 nicht. Gelegentlich wurde bei Einzeltieren eine solche Infektion vermutet, aber eine Bestätigung durch unsere Veterinärbehörde gab es nie. Aber 1983 hatten wir auch auf der Alster das erste Massensterben durch Botulismus. Damals wurde auch auf anderen Gewässern in Hamburg und in anderen Bundesländern eine hohe Todesrate aufgrund dieser Erkrankung festgestellt. Auf der Elbe, bei Wedel, wurden über 25 000 Todesfälle registriert.
Bei dem Botulismuserreger handelt es sich um eine stäbchenförmige Bakterie mit dem Namen *Clostridium botulinum.* Sie ist nur 1/1000 bis 8/1000 Millimeter lang und findet sich – weltweit – im Erdreich. Unter anaeroben Bedingungen – also unter absolutem Sauerstoffabschluß, zum Beispiel im Schlamm – bildet sie hochgiftige Sporen. Nur diese Sporen sind toxisch, die Bakterie allein ist ungefährlich. Die Sporen entwickeln sich meist an den Enden der Bakterie, können sich aber auch an anderen Stellen bilden. Die Sporen kommen, gelöst von der Bakterie, auch allein vor, über deren Lebensdauer und die Zeit ihrer Auskeimung liegen noch keine gesicherten Erkenntnisse vor. 25 Grad Celsius oder auch noch höhere

*Gegenüberliegende Seite: Oben links: In den fünfziger Jahren transportierte ich die Schwäne noch in einer selbstgenähten Tasche mit dem Fahrrad.
Unten links: Einen großen Fortschritt bedeutete der VW Käfer, in dem man immerhin schon mehrere Tiere befördern konnte.
Oben rechts: Vom erfolgreichen Einsatz mit dem im TEMPO-Wagen transportierten Ruderboot zurück zum Wasserschutzpolizeiposten an der Fuhlsbüttler Schleuse.
Unten rechts: Mit dem schweren Ruderboot war es fast unmöglich, einen Schwan zu fangen.*

Temperaturen gelten als optimale Bedingungen für die Sporenbildung. Es gibt verschiedene Typen dieser Bakterie, A, B, E und F gelten für den Menschen als gefährlich. Bei uns wurde bisher der Typ C – der sogenannte aviäre – festgestellt, der nur Vögel infizieren soll. Es sind aber auch schon Hunde daran erkrankt.

Um diese Massenerkrankung einzudämmen, ist es unbedingt erforderlich, die gelähmten Vögel und die Kadaver schnellstens abzusammeln. Sie sind eine ständige Gefahr. In den Kadavern reichern sich die Gifte stark an und verseuchen weitere Gewässerabschnitte. Über nicht abgesammelte und versunkene Kadaver kann es daher auch in der kalten Jahreszeit zu Botulismusvergiftungen kommen.

Die sich auf den Kadavern entwickelnden Fliegenmaden sind zusätzlich gefährlich. Maden sind natürlich Leckerbissen für Enten und andere Vögel. Da sich das Gift in den Maden stark anreichert, sind sie für die Vögel tödlich.

Im letzten Stadium der Botulismuserkrankung sind die Tiere vollständig gelähmt. Um die Atmung zu unterstützen, werden die Köpfe hochgelegt.

Nach meinen Beobachtungen läuft der Lähmungsvorgang in drei Phasen ab: In der ersten Phase sind die Beine von Lähmungen betroffen. Der Vogel treibt mehr oder weniger manövrierunfähig auf der Wasseroberfläche. In dieser Phase können die Vögel noch durch Bewegungen der Schwingen ans Ufer oder in seichtere Wasserzonen gelangen.
In der zweiten Phase sind zusätzlich die Flügelmuskeln gelähmt. In diesem Stadium rutschen die Schwingen seitlich vom Körper herab. Der Vogel liegt breiter, oft mit nach hinten gestreckten Rudern vollkommen bewegungsunfähig im Wasser, jedoch mit aufrechtem Kopf und Hals, die auch noch normal bewegt werden können. Solche Tiere werden von Wind und Strömung abgetrieben.
In der dritten Phase setzen Atembeschwerden ein. Hals und Kopf sind gelähmt, können nicht mehr aufrecht gehalten werden und fallen meist nach vorn. In dieser Phase der totalen Lähmung ertrinken die auf dem Wasser treibenden Vögel schnell. An den Augen aller gelähmten Tiere war beim Einsammeln deutlich der Versuch von Flucht und Abwehr abzulesen.
Mit der »Wasserkur« konnte ich bis zu 50 Prozent der wenigen lebend von mir geborgenen Tiere retten. Der Erfolg ist von der Giftmenge abhängig, die ein Vogel aufgenommen hat. Über einen Schlauch wird den kranken Tieren häufig Wasser eingegeben, gelegentlich mit Glaubersalz angereichert, um den Darm möglichst schnell zu entleeren. Später können dem Wasser auch Vitamine zugesetzt werden. Nach sechs bis acht Tagen stehen die sich langsam erholenden Tiere, zunächst stark wackelnd, wieder auf den Beinen.
In den Jahren 1984 und 1985 zeichnete sich eine deutlich fallende Tendenz an Erkrankungen ab. Für das Jahr 1986 hoffte ich auf das völlige Ausbleiben von Infektionen. Leider kam es anders. 1986 begann der Seuchenzug schon in der 27. Woche, und die Todesrate lag so hoch wie in den drei vorhergehenden Jahren zusammen. Die parallel zu den Verseuchungen durchgeführten Sauerstoffmessungen ergaben in den betreffenden Gewässerabschnitten überdurchschnittlich, bis sehr gute Werte. Die Gefahr lauert, wie gesagt, im Faulschlammbereich.
Die Ursache der Botulismuserkrankung in einer Überpopulation an Wasserwild zu sehen ist eindeutig falsch. Erstens ist bei uns der Bestand nachweislich gegenüber früher stark reduziert, und da kannte man diese

Um das Gift aus Magen und Darm herauszuspülen, wird den Tieren mit einem Schlauch reichlich Wasser eingeflößt.

Erkrankung nicht. Zweitens dürfte sie auf Gewässern mit sehr wenigen Tieren nicht vorkommen, und drittens erst recht nicht in den riesigen Watt- und Naturschutzgebieten.

In den genannten Jahren gab es eine starke Zunahme an Algensuppen, die in solchen Ausmaßen früher nicht bekannt waren. Es handelte sich sowohl um Fadenalgen als auch um Grünalgen. Es ist bekannt, daß Algen allein schon toxisch sein können. Vielleicht gibt es hier einen Zusammenhang. Jedenfalls ist das vermehrte Auftreten der Krankheit witterungsbedingt. Wieweit andere Tierarten (Kleinstkrebse, Fische usw.) und Pflanzen (wie Schilf, Algen u. ä.) die Ausbreitung von Botulismus fördern, wissen wir noch nicht.

Selbst in den Steinpackungen siedeln sich verschiedene Schilfsorten an. Sie werden von den Tieren weder gefressen noch verbissen.

In den letzten Jahren ist die Krankheit zurückgegangen. In enger Zusammenarbeit mit der Veterinärbehörde werden die Schwäne und auch anderes Wasserwild vor der Freilassung aus dem Winterquartier vorsorglich geimpft.

Die Alster neigt zu starker Verlandung und hatte deshalb reichlich Was-

serpflanzen- und Schilfzonen. Leider wurden die besten Schilfgürtel ab 1949/50 radikal weggebaggert. Unter der Devise »Jeder Schilfhalm hemmt die Fließgeschwindigkeit des Wassers« waren neben dem staatlichen Bagger »Alster« mit zwölf Schuten auch viele Firmen mit Baggerungen beauftragt.
Meine damals gemachten Einwände, die Tierwelt brauche die Schilfzonen, wurden mit den Worten »Das ist gar nicht Ihre Aufgabe« weggewischt. Manche Pflanzen konnte ich aus den Baggerschuten nehmen und an geeigneten Stellen wieder verankern. Kalmus, Iris, Rohrkolben und andere werden von den Schwänen überhaupt nicht angetastet. Von den an vielen Gewässerabschnitten wuchernden Schwaden wurden nur die Spitzen verbissen. Meine Schwanenfotos von damals zeigen im Umfeld der Tiere die seinerzeit noch vorhandenen Pflanzenbestände.
Natürlich bilden im Herbst alle absterbenden Pflanzen im Gewässer wieder Faulschlamm. Auch das Laub der Bäume gelangt in die Gewässer. Über den Darmtrakt der Vögel wird aber vieles aufbereitet und als Detritus an Fische und andere Lebewesen weitergegeben.
Mit dem bekannten Botaniker Mang vom Strom- und Hafenbau wurde 1958 auf der Harvestehuder Seite eine Schilfanlage neu gepflanzt.

Ins Wasser gefallene Blätter, besonders von Weiden und Pappeln, werden von den Schwänen gern gefressen.

Obwohl die Schwäne darin brüteten, waren die Pflanzen in ihrem Bestand durch sie nie gefährdet. Es waren die Abfischer, die in den frühen Morgenstunden das Schilf stückweise entfernten und mit dem Boot abfuhren. Sie ärgerten sich über den vielen Dreck, der sich in diesen Zonen ansammelte und umständlich zu bergen war. Zu der Zeit hatten die Abfischer auch noch kein Motorboot, sie mußten mit den schweren Booten staken. Viele Jahre später wurden wieder Flachwasserzonen geschaffen und Schilf angepflanzt.

Gewässerverschmutzung

Gewässerverschmutzung ist ein weiteres großes Thema im Zusammenhang mit Erkrankungen und Verletzungen unserer Wasservögel.
Besonders in den fünfziger und sechziger Jahren massierten sich die Fälle schwerer Ölverschmutzungen – nicht nur im Hafengebiet, sondern auch auf allen Alstergewässern. Auf den ehemaligen Löschplätzen wurden, besonders an Sonn- und Feiertagen, Autos gereinigt, Ölwechsel gemacht, und der Dreck wurde mit dem Altöl einfach in die Oberflächensiele gekippt. Zum Wochenende wurden und werden noch immer Werkstätten gereinigt und deren Schmutzstoffe über die Siele in die öffentlichen Gewässer gespült. Bei der Übernahme von Heizöl wird auch heute noch nicht selten unachtsam gearbeitet. Entweder passen die Anschlüsse nicht hundertprozentig, oder die Pumpen laufen falsch herum. Bis man so einen Fehler bemerkt, sind meist schon mehrere tausend Liter Öl in die Siele gelaufen. Bei defekten Heizöltanks wurde das Öl aus der Sicherheitswanne versehentlich in die Siele gepumpt und andere Pannen.

Heiz- und Dieselöl verätzen die Haut der Tiere so stark, daß ganze Federpartien ausfallen.

Diese verschiedenen kleineren Verschmutzungen werden offiziell kaum registriert, obwohl das Heizöl auf den Gewässern in den meisten Fällen regelrecht zum Himmel stinkt. Heizöl fällt optisch nicht sehr auf, hat aber für die Tiere eine besonders verheerende, quälende Wirkung. Es verätzt nicht nur die Haut, was zum Ausfall der Federn führt, sondern auch die inneren Organe.
Selbst heute gibt es nicht einmal bei Heiz- oder Dieselölunfällen geeignete Ölsperren oder Absauggeräte. Solche Verunreinigungen werden vielfach als »Schlieren« abgetan. Chemische Stoffe, die das Öl binden und

auf den Grund des Gewässers bringen, sind mit Sicherheit keine geeigneten Mittel.
Sehr schlimm für die Wildvögel waren die offenen Mülldeponien in Georgswerder und an der Bille. Bis zu deren Schließung wurden dort Altöl und Chemikalien angefahren und offen abgekippt. Aus dieser Brühe bildeten sich kleine Teiche, die in der Frostperiode nicht zufroren. Auf der Suche nach offenem Wasser hielten viele Wasservögel diese glitzernden Flächen für ein eisfreies Gewässer und landeten in dieser Chemiesuppe.
Der Unfall des Tankers »Afran Zenith« im Jahre 1972 alarmierte die Öffentlichkeit erstmals in größerem Umfang. Auch in diesem Fall gab es wieder viele gutgemeinte Vorschläge, wie die Tiere zu reinigen wären, nur

Ein mit Heizöl durchtränktes Gefieder ist optisch nicht so auffällig wie eines, das durch Schweröl verunreinigt wurde.

In der Hegestation können die Vögel in zwei großen Becken gereinigt werden. Mehrfache Waschungen und Spülungen sind notwenig.

gemacht hatte es noch keiner. Der seinerzeit zuständige Senator Wolfgang Curilla bedankte sich persönlich bei meiner Familie für den Einsatz und großen Erfolg.

Zahlreiche Gespräche und Sitzungen mit verschiedenen Behörden und Verbänden fanden nach dieser Ölverschmutzung statt. Alarmpläne wurden erstellt und vielleicht auch neue Planstellen geschaffen. Es gehören aber Praktiker vor Ort, die Verschmutzungen in eigener Zuständigkeit sofort begrenzen dürfen.

Und man darf auch nicht nur an solche spektakulären Ereignisse wie ein Tankerunglück denken. Neben dem Straßenabrieb von Reifen, Bremsbelägen usw. kommt natürlich auch die normale Schmutzlast von den Straßen über die Oberflächensiele in die Gewässer. Die Schadstoffe, die Wald und Flur belasten oder zur Überdüngung des Bodens führen, gelangen ebenfalls über die Luft in die Gewässer; mit jedem Regenguß werden diese Stoffe zusätzlich in die Gewässer eingetragen. Der Kreislauf Pflanze-Tier führt nicht einmal im Ansatz zu einer derartigen Gewässerbelastung.

Im Winter wurde der eigentlich saubere Schnee von den Straßen mit dem

Nach erfolgreicher Reinigung kommen die Tiere in den warmen Schwimmraum, wo sie ihr Gefieder wieder ordnen können.

Streugut vermischt (Granulat, Streusalz), lastwagenweise über die Brücken oder Löschplätze in die Gewässer gekippt. Selbst von den winterlichen Eisfesten auf der Alster versank der meiste Müll mit dem Auftauen auf den Grund des Flusses, es blieben sogar ganze Stände zurück.
Die Liste von Menschen verursachter Gewässerverunreinigungen und der damit für Tiere verbundenen Gefahren ließe sich endlos fortsetzen, wobei in den letzten Jahren allerdings mehr Verständnis für diese Probleme festzustellen ist.
Das Einfangen und die Behandlung verschmutzter Vögel ist immer kompliziert. Jede Tierart und auch jeder einzelne Vogel reagiert anders auf den Fangversuch. Und jede Verschmutzung des Gefieders verlangt eine andere Behandlung.
Im Sommer konnten leichtere Verschmutzungen – abhängig von der Ölsorte und dem Verschmutzungszustand – manchmal draußen entfernt werden. Nachts wurde dann ein großes Strohlager hergerichtet. Doch in den meisten Fällen mußten die Vögel in warmen Räumen gereinigt werden. Derartige Aktionen – mit oft Hunderten von Tieren – sind in einem

Auf der Elbe, vor Kirchwerder, verunglückte bei dichtem Nebel ein Tanker. Dieselkraftstoff lief aus. Viele Tiere wurden verschmutzt und mußten von uns eingefangen werden.

Einmannbetrieb natürlich sehr schwer zu bewältigen. Echte Hilfe hatte ich in den meisten Fällen von meiner Frau und meinem Sohn. Viele Einsätze fielen in den Abendstunden oder an Sonn- und Feiertagen an, wenn offizielle Mitarbeiter einer Behörde sowieso nicht zu erreichen waren.
Obwohl ich auf einem Betriebsplatz wohnte, mußte ich jahrelang meine eigene Badewanne zur Reinigung der Tiere nutzen. Die Betriebsräume mit Waschanlagen durften aus »hygienischen Gründen« zur Reinigung von Tieren nicht genutzt werden. Da nutzte auch nichts, daß ich die Waschräume sauberer verließ, als ich sie vorfand. Diese Zustände änderten sich erst nach Fertigstellung unseres kleinen Dienstgebäudes.
Die Behandlung der Vögel beginnt schon mit dem richtigen Einfangen. Sie müssen möglichst vorsichtig vom rettenden Ufer an Land gedrückt

Plastikabfälle, hier von einer Öldose, können für Wasservögel zur Todesfalle werden. Bei dieser Ente saß der Plastikring so fest, daß sie keine Nahrung mehr aufnehmen konnte.

werden. Das muß ruhig und überlegt geschehen, damit die Tiere aus Angst vor dem Menschen nicht wieder in die schmutzige Brühe flüchten. Einzeltiere in Transportkästen machen keine größeren Schwierigkeiten. Beim Transport vieler Tiere auf einer Ladefläche ist aber deren Unterteilung notwendig, weil sie in ihrer Angst alle in eine Ecke kriechen und sich gegenseitig ersticken würden. Sehr stark verölte Vögel werden zum eigenen Schutz in einem Sack transportiert, in den ein Loch geschnitten wird, um Hals und Kopf durchzustecken. In diese Säcke wird dann ein Ölbindemittel eingefüllt, um schon einen Teil des Öls aus dem Gefieder aufzusaugen. Der Sack hat auch den Vorteil, daß die Vögel sich nicht putzen und dabei ständig Öl abschlucken können. Gewaschen wird in etwa 45 Grad warmem Wasser mit einer entsprechenden Menge Waschmittel. Äußerst schonend, aber kräftig wird das Gefieder durchgespült und mit der Hand durchmassiert. Dabei dürfen die Federn nicht beschädigt werden oder gar abbrechen. Schon nach kurzer Zeit färbt sich die Lauge schwarz und muß erneuert werden. An besonders verschmutzten Stellen wird das Waschpulver direkt auf das feuchte Gefieder gestreut und einmassiert. Je nach Grad der Verschmutzung wird das Federkleid drei- bis

viermal gewaschen. In manchen Fällen, dann mit längeren Erholungsphasen, auch häufiger.
Anschließend werden die Vögel in warmem Wasser durchgespült. Auch dieses Spülwasser muß stets erneuert werden, bis das Waschmittel vollständig aus dem Federkleid herausgespült ist. Der restliche Schmutz wird dann mit einem Brausestrahl aus dem Gefieder gespült.
Für jede Ölart muß ein anderes Reinigungsmittel eingesetzt werden. Ein sicheres Reinigungsmittel gibt es nicht.
Nach dieser Prozedur können sich die meisten Vögel – mit dem schweren, mit Wasser vollgesogenen Gefieder – noch nicht auf den Beinen halten. Deshalb sollte man die Tiere mit saugfähigen Tüchern vorsichtig abtrocknen und leicht fönen. Im warmen Quarantäneraum erholen sich die Vögel nach einiger Zeit und fangen an ihr Gefieder zu ordnen. Das stets mit neuem Wasser gefüllte Schwimmbecken hat sich dafür als sehr nützlich erwiesen, auch wenn sie bei den ersten Schwimmversuchen mit dem noch ungeordneten Federnkahn immer wieder versinken. Während die an Menschen gewöhnten Tiere die ihnen gereichte Nahrung meist selbständig aufnehmen, ist die Fütterung von fremden und geschwächten Vögeln erheblich schwieriger. Besonders Wildtiere verweigern ihnen unbekannte Nahrung, noch dazu in fremder und sie beengender Umgebung. Zur Beruhigung der Wildtiere setzte ich diesen immer zahme Vögel bei. Die nahmen ihnen mit der Zeit nicht nur die Angst vor dem Menschen, sondern machten sie auch dauernd auf das neue Futter aufmerksam.
Um die erkrankten Tiere gut und sicher ernähren zu können und ihnen unnötige Quälerei – zum Beispiel das Stopfen – zu ersparen, bin ich in solchen Fällen zur Schlauchfütterung übergegangen. Je nach Größe des zu ernährenden Vogels wird diesem ein passender Schlauch – fürs bessere Gleiten mit Lebertran eingerieben – in den Schlund eingeführt. Am anderen Ende ist eine große Spritze aufgesetzt, in die der Nahrungsbrei eingefüllt wird. In regelmäßigen Abständen wird dem Tier dann die erforderliche Nahrung eingegeben. Bei inneren Verätzungen lassen sich so auch die notwendigen Medikamente ohne Schwierigkeiten verabreichen. Die beste äußere Behandlung nützt nichts, solange die Tiere innerlich vergiftet sind.
An warmen Tagen konnten die gesäuberten Vögel zur Beobachtung und

Sind die gewaschenen Vögel wieder voll schwimmfähig, kommen sie zur weiteren Beobachtung in schwimmende Käfige.

Gefiederregenerierung in sogenannte Schwimmkäfige. Diese sechs mal sechs oder acht mal acht Meter großen Käfige bestehen aus schwimmenden Kanthölzern mit einer Maschendrahtumzäunung. Innerhalb dieses Käfigs können die Tiere sich baden, schwimmen und sich auf dem innen umlaufenden Steg putzen. Wenn nötig, sind sie aus diesen Schwimmgattern leicht wieder in die Innenräume zu transportieren. Sobald die Gefiederstruktur in Ordnung ist und die Vögel sich gesund verhalten, können sie über die geöffnete Pforte wieder ins freie Wasser gelangen. Die Behandlung verölter Vögel kann Wochen dauern, bei einigen sogar bis zur nächsten Mauser.

Einen außergewöhnlichen schweren Schaden erlebten wir als Folge eines großen Kühlhausbrandes. Durch die starke Hitze schmolzen die dort gelagerten Butterbestände. Vermischt mit Löschschaum und Löschwasser entstand eine stinkende Brühe. Diese lief über die Straßengräben und die

Oberflächensiele in ein nahe gelegenes Brack. Da es sich um eine helle, wenn auch geleeartige Masse handelte, reagierten die meisten Wasservögel zu spät. Schwimmende oder gar tauchende Enten blieben einfach darin stecken. Andere versuchten sich, durchtränkt von dieser Brühe, unter die Büsche und die Schilfgürtel zu retten, um sich zu putzen.
Da sich das Brack mit diesem Gemisch immer mehr auffüllte, wurde auch der Gestank unerträglich. Fische verendeten massenhaft in diesem Gelee. Sie steckten unter der Wasseroberfläche fest, als wären sie in Kunstharz eingegossen. Nachdem wir die Enten und Schwäne geborgen hatten, holten wir auch die feststeckenden, noch lebenden Fische heraus. Freundliche Anwohner reinigten den Fischen die Kiemen und hielten sie vorübergehend in ihren Kinderplanschbecken. Die Fische wurden anschließend in einem Nebenbrack wieder ausgesetzt.

Den aus der geleeartigen Butter-Löschwasser-Mischung geretteten Fischen wurden zunächst im Kinderplanschbecken die Kiemen gereinigt. Dann wurden sie in einem Nebenbrack wieder ausgesetzt.

Natürlich können auch andere Tiere den Schwänen gefährlich werden. Zum Beispiel gilt das bekannte Kinderlied »Fuchs, du hast die Gans gestohlen, gib sie wieder her« auch für Schwäne. Kräftige und gesunde Altvögel werden das Raubtier mit Sicherheit abwehren. Es gelingt ihm aber immer wieder, einzelne, vor allem noch unverpaarte Jungtiere zu überraschen.

In den schmalen Gräben zwischen den Feldern in den Vierlanden, besonders an den Rändern, und auf den Saaten im Frühjahr versteht es Reineke Fuchs, sich anzupirschen. Ehe die großen Vögel durchgestartet haben, sind sie schon seine Beute. Da er einen ganzen Schwan schwer wegtragen kann, beißt er Teile, wie Schenkel, Hals und Kopf, ab und nimmt diese mit. Wie schnell Füchse sein können, konnte ich im Sommer beobachten,

Aus den unterschiedlichsten Gründen kommen junge Marder zu uns in Pflege. Diese beiden mochten zum Nachtisch besonders gern unsere Kirschmarmelade.

Stockenten brüten – weit ab vom Wasser – auf Dächern, Balkonen, in Hinterhöfen usw. Wenn die Mutter es schafft, den Brutplatz mit ihren Küken zu verlassen, geraten die Vögel auf ihrem Weg zu einem Gewässer meist in den Straßenverkehr. Laufen sie dann an den Kantsteinen entlang, fallen die Küken durch die Gitter der Siele. Solange noch Rufkontakt besteht, bleibt die Mutter beim Siel und versucht vergeblich, die Kleinen zu locken.

wenn die Mutterenten ihre Jungen führen und bewachen. Taucht ein Fuchs aus dem Getreide auf, warnt die Mutter ihre Jungen. Sie selbst stellt sich lahm und lenkt so die Aufmerksamkeit des Fuchses auf sich. Hat sie den Fuchs erfolgreich von ihren Jungen weggelockt, unterschätzt so manche Entenmutter seine Schnelligkeit. Wenn sie dann, durch diese Aktion mitgenommen, langsam auffliegt, fängt sie der Fuchs noch aus der Luft. Selbst direkt in die Stadt wandern die Füchse seit einigen Jahren ein. Diverse Tierarten sind mittlerweile verstädtert. Nicht nur der Fuchs, auch Dachs, Marder sowie Hase und Kaninchen gehören schon selbstverständlich dazu. Soweit es uns möglich ist, versuchen wir Tieren, die sich hierher verirren und in Gefahr geraten, zu helfen, das heißt, wir fangen sie ein, behandeln sie wenn nötig und setzen sie an geeigneter Stelle wieder aus. Einige solcher Geschichten möchte ich zum Abschluß erzählen, weil sie zeigen, daß uns nicht nur die Schwäne am Herzen liegen.

Freilaufende Hirsche sind in der Großstadt schwer vorstellbar. Meist handelt es sich um ausgerissene Gattertiere. Ein besonderer Fall war ein Damhirsch im Hafengebiet. Vermutlich über die Bahntrasse war dieser Hirsch in den umzäunten Freihafen gelangt und fand nicht mehr heraus. Der Lastwagenfahrer, der den Hirsch zuerst vor dem Kühler hatte, glaubte zu träumen. Die Meldung dieses Vorfalls an die Spedition: »Ich habe eben einen Hirsch vorm Auto gehabt« wurde mit: »Du hast wohl was getrunken« abgetan.

Da aber immer mehr Kraftfahrer einen Hirsch auf der Straße und zwischen den Containern meldeten, wurde die Polizei eingeschaltet. Und schließlich landete dieser Einsatz bei mir.
Mit dem Betäubungsgewehr und meinen besten Mitarbeitern – meiner Frau und meinem Sohn – fuhr ich in den Freihafen. Da der Funkverkehr der Polizei mitgehört worden war, waren entsprechend viele Reporter vor Ort.
Auf dem riesigen Gelände und dem harten Boden ist auch ein großes Tier schwer zu lokalisieren. In einem kleinen Dickicht haben wir es endlich entdeckt. Das erste Geschoß überschlug sich und traf den Hirsch nicht. Die zweite Kanüle saß dann wie gewünscht auf der Keule. Die in solchen Fällen notwendige Ruhe für das Tier war aber nicht gegeben. Immer wieder von Menschen bedrängt, taumelte der Hirsch zwar, aber er legte sich nicht hin. An einer Schleuse konnten wir ihn dann am Zollzaun abriegeln und mit unserem großen Fangnetz einfangen. Dabei kamen meine Finger

Dieser Hirsch hatte sich in den Freihafen verirrt. Er fand durch den hohen Zollzaun nicht wieder heraus.

so unglücklich zwischen Geweih und Netz, daß mir dabei der rechte Zeigefinger brach.
Da der benachbarte Förster den Hirsch nicht aufnehmen konnte, brachten wir ihn in ein Großgatter in Niedersachsen. Anschließend fuhr mein Sohn mich ins Krankenhaus, wo der Trümmerbruch operiert wurde. Trotzdem blieb der Finger steif.

Immer wieder verirren sich Seehunde in die Elbe und den Hamburger Hafen. Als es die Geesthachter Schleuse noch nicht gab, wurden sie auch bis Mitteldeutschland gesichtet. Es handelt sich meist um jüngere Einzeltiere, die nach einiger Zeit von allein wieder in die Nordsee schwimmen. Gelegentlich sind die Tiere aber auch verletzt. Sie zu fangen ist bei den tiefen Hafenbecken nicht einfach. Außerdem sind Seehunde überaus vorsichtig. In solchen Fällen muß der bevorzugte Ruheplatz des Seehundes erkundet werden und mit welchem Tidehub – auflaufendes oder ablaufen-

Seehunde finden meist allein wieder in die Nordsee zurück. Diesen mußten wir wegen seiner großen Bauchwunde einfangen und zur Behandlung in unsere Station bringen.

des Wasser – er sich dort eventuell länger aufhält. Mit einer dem Umfeld angepaßten Fangvorrichtung ist der künftige Patient dann eventuell zu überlisten. Diese schweren Tiere sind keine niedlichen Schmusehunde, sondern wissen sich zu wehren. In unserem Quarantäneraum mit dem Schwimmbecken können wir sie behandeln. Die Schwere der Verletzung ist dafür ausschlaggebend, ob sie gleich wieder in die Nordsee kommen oder erst in eine Seehundaufzuchtstation.

Eines Tages bekam ich die Meldung: »Bei uns fliegt eine große weiße Eule umher, die sich auch auf den Zebrastreifen der Fußgängerüberwege aufhält.« Zunächst glaubte ich an einen Scherz. Tatsächlich handelte es sich dann aber um eine große Schnee-Eule aus dem skandinavischen Raum, die sich bei Sturm hierher verirrt hatte. Da an diesem Tag schon verschiedene Personen der Eule erfolglos nachgestellt hatten, wartete ich erst mal die weitere Entwicklung ab. Doch als die Meldung eintraf: »Eine große

Von den Eulen, die wir in unserer Station als Patienten hatten, war die große Schnee-Eule am interessantesten. Diese haben wir mit der finnischen Fluggesellschaft in ihre nördliche Heimat zurückgeschickt.

weiße Eule sitzt in unserem Vorgarten auf einer großen Ratte«, kam meine Chance. Mein Sohn lenkte die Eule ab, und so gelang es mir, sie zu fangen.

Viele Anwohner kamen, um diesen seltenen Vogel aus der Nähe zu sehen. Zunächst brachten wir ihn zum Aufpäppeln in unsere Station. »Bild« arrangierte später über das finnische Konsulat die Rückführung des Vogels in seine nördliche Heimat. In Anwesenheit des Konsuls wurde die Schnee-Eule der Stewardeß der finnischen Fluggesellschaft anvertraut. So sparte der Vogel den weiten Rückflug auf eigenen Schwingen.

Aus einem Storchennest am Stadtrand hatte ein Altstorch ein Junges aus dem Nest geworfen. Ich fand ein kleines, noch mit dem Eizahn versehenes Küken. Unnatürlich war der dicke Bauch. Nach entsprechender Erwärmung des fast leblosen Körpers wurde der kleine Kerl intensiv an Bauch und Darmausgang massiert. Mit voller Wucht entleerte sich danach der Darm.

Nach dieser Prozedur wurde unser »Quietschie« lebhaft. Zuerst wohnte er in einem Schuhkarton und wurde nach Dienstschluß mit nach Hause genommen, um ihn ständig beobachten zu können. Wenn der kleine Kerl uns quietschend und klappernd begrüßte, fiel er dabei nicht selten auf den Rücken. Als er größer wurde, bekam er ein selbstgebautes Kunstnest, in

Links: Dieses Jungtier wurde von den Altstörchen aus dem Nest geworfen. Rechts: Der halbwüchsige Jungstorch in seinem Kunstnest.

dem er sich sehr wohl fühlte. Er entwickelte sich normal, und als er fliegen konnte, haben wir ihn in den Vier- und Marschlanden zu den Störchen seines Jahrgangs gesetzt, damit er mit den anderen Jungstörchen, die ca. 14 Tage vor den Altstörchen Richtung Afrika ziehen, mitfliegen konnte.
»Abbi«, ein anderer Storch, der wegen einer Flügelverletzung nicht mehr flugfähig war, wurde bei uns 24 Jahre alt. Er war die Attraktion unserer Dienststelle.

Unser »Abbi«, der viele Jahre in unserem Gehege lebte.

In einer großen Wohnanlage tauchte eines Tages ein ganz normaler Haushahn auf. Zunächst freuten sich die Menschen über dieses Tier. Doch als die Tage länger wurden, war es mit der Freundschaft vorbei. Der Hahn krähte schon morgens um drei oder vier Uhr, und deshalb mußte er weg. Nachdem Anlieger vergeblich versucht hatten, den Vogel zu greifen, wurden die Behörden alarmiert. Da der Hahn aber immer der Gewitztere blieb, wurden wir eingeschaltet. Mit einem Trick gelang es auch, den Hahn zu überlisten, und die Anwohner konnten wieder ruhig schlafen. Merkwürdig ist bei solchen Einsätzen, daß sich nie ein Eigentümer meldet. Solche Vögel gelangen nicht von allein in die großen Hinterhöfe.

Ein großer Pfau, der sicherlich irgendwo entflogen war, hatte sich eine Wohnsiedlung als Standort gewählt. Sein durchdringendes Rufen brachte die Anwohner zur Verzweiflung. Auch er verstand es, sich allen Nachstellungen zu entziehen. Meist flog er auf die Dächer und war dort sicher. Mit List und Tücke konnten wir ihn schließlich fangen, wobei er uns seine Wehrhaftigkeit deutlich zeigte.

Ohne die feine Nase unserer ausgebildeten Hunde würden wir in großen Schilfgürteln und unübersichtlichem Gelände verletzte Tiere oft gar nicht finden.

Das Aufgabengebiet der ehemals alleinigen Betreuung der Alsterschwäne hat sich also mittlerweile grundlegend geändert. Viele Tierarten erobern heute die Großstadt.
Hoffen wir, daß das Verständnis für die Tierwelt zunimmt.